自然生活家03

種子盆栽
隨手撿，輕鬆種

種子盆栽達人 **綠摩豆、黃照陽** 著

晨星出版

CONTENTS

PART 1.
進入種子盆栽的世界

PART 2.　一年四季的種子盆栽

SPRING · 春栽

SUMMER · 夏種

FALL · 秋蒔

WINTER · 冬植

林俊明 ◎大安、淡水社區大學講師

認識綠摩豆是很刻意的，在四、五年前，綠摩豆即是網路第一的種子盆栽玩家，當時「豆豆森林」為了集結更多種子盆栽愛好者的力量，我透過文化大學成人推廣部，聯繫上綠摩豆老師，原本是懷抱著打擾與忐忑的心，深怕會被拒絕或碰軟釘子，不料一通電話卻讓我們變成了好朋友，真的是玩植物的人，個個都是心思純正的好人。希望本書的出版能吸引更多愛好者加入，讓更多人習慣接觸植物，進而愛上植物，讓綠化與環保從嘴上說說變成綠入人心，這是我衷心的期盼。

張琦雯 ◎大安、淡水、北投社區大學講師，豆豆森林部落格版主

對黃大哥的印象就是，對植物懂很多的人、個性大方開朗、親和力十足的人，也是一個忙碌到不行的媒體人，也因為東奔西跑的關係吧！黃大哥對植物的認知與了解真的超強，說實在，黃大哥不到社區大學來開一門課程，實在太可惜啦！ 在此推薦這本書，也推薦給各社大喔！

張嘉謙 ◎法鼓山社會大學講師

很開心聽到種子玩家又有人出書了，如此在教學上又有一本書，可以推薦給學生閱讀，希望未來有更多討論種子育苗的書籍，讓種子盆栽的領域能更上一層樓，也藉由書籍的推展，使得種子復育的觀念，更快地讓更多的人知道，進而引起更多人重視這個環保議題。

邱政華 ◎北投社區大學講師

從開始接觸種子盆栽，被種子發芽深深感動，到自己開始當社大講師，傳承這份感動給學生，發現園藝治療就在身邊隨手可得，每個人都可以藉由種植得到開心，希望這本書賣得很好，再次引發種子盆栽的熱潮，讓人人都能輕易上手，讓全民都成為種子盆栽玩家，讓綠化的良善從台灣開始生根，並蔓延到全世界。

林靜芳 ◎泛華國際文教協會秘書長

在辦學術交流的活動中，首次接觸植物復育的課程才了解，原來植物的種子在大自然中，發芽與成長是非常不容易的事情，綠化造林如果是全民共同來做，那復育的腳步是超乎想像的快速，遠遠大於人類對植物的破壞。所以現今推廣種子復育，已經是環境教育上刻不容緩的大事，喜聞照陽兄出書推廣，自然是要大大地讚聲一下，如能成為復育潮流的開端，本書將成為世紀環境教育的聖典。

曾芳嬌 ◎芳的家拈花惹草俱樂部部落格版主

種子兵團蔓延中，因為興趣而進入專業領域的人愈來愈多，這對生活中的改善空氣污染與美化綠化著實產生很大的效益，也是人際關係與親子之間很好的溝通橋樑，綠摩豆與照陽兄一起努力耕耘分享嘉惠愛好者，值得我們這些喜愛自然種子的推手學習，由於他們的無私分享讓初學者更容易上手，植樹造林不是口號，從家開始就可以自然展現綠意！

林久嬫 ◎南湖高中老師

偶然機會下接觸到種子盆栽，就深深著迷在種植之間，由於覺得是很好的環境教育，就嘗試著鼓勵學生一起來育苗，本來認為時下的高中生，可能沒有耐性在長期培育植物上，結果學生們不但種出好成績，而且還互相競賽起來。推展一年多以後，連校長與主任都出來大力推廣，並開始計畫整地，籌備起學校的原生植物園區，及班樹的概念推展，真的是無心插柳、柳成蔭，也確實感受到植物的生長，對人是有強大影響力的。

陳佩吟 ◎新興國小老師

上過很多關於自然生態、植物認識的課程，上課的感覺是尊重、學習、保護與關懷環境，我想這也是許多保育專家，要給民眾的教育與認知。但在學習及進入種子盆栽的世界後，觀念有如180度的大轉彎，原來我自己就可以開始生產自然、創造生命，主宰植物繁衍、左右環境綠化，透過人際分享讓更多人參與，共同為未來環境打拚。從過去的尊重與害怕，到如今的出手復育，透過手上一盆盆的種子發芽，才知道，救地球，真簡單！

陳衍秀 ◎圓山郵局經理

在淡水社區大學接觸到種子盆栽，才知道原來人種植育苗，會得到超乎想像的樂趣！對於都市忙碌的上班族，平時玩玩種子盆栽，是最簡單而有效的紓壓方式，種子盆栽不設限於空間地點，可放在辦公室或居家，不但可以裝飾綠化，還經由自己親手的孵育，讓人對植物的觀點煥然一新，原來植物跟寵物動物一樣，都是可以跟人發生情感的，也因為有如此的親身感受，更推薦此書籍給各位，如同分享自身的快樂一般。

種出一片美好心田

從小就喜愛將隨手取得的各類種子，隨心所欲地栽種，於我，種子是與大自然連結的開始，是體悟，更是學習，幾粒種子、一盆土、定時澆水、適度日照，種植真的不難。

地球植物的種類約有28萬種之多，與我們生活息息相關的不過百餘種，此次挑選40餘種的種子植物介紹，為了最美好的呈現，讓我們煞費苦心，有的花果期季節稍縱即逝，有的種植過程履遭難題，無論是天候、病蟲害、栽種等因素，大自然學海浩瀚，必須謙卑地接受所學不足，除了在技術上需要不斷充實與調整，更需要造物主的指引與祝福。

提到室內種子盆栽，有不少人受到林惠蘭老師的影響，開始投入於種子世界的探索，綠摩豆雖沒向先進拜師學藝，但也恭讀過她的著作，對於前輩用心營造種子盆栽美感的堅持與專注，不得不由衷佩服。我比較崇尚自然風格，甚至有些植栽長得奇形怪狀、高低錯落，都覺得挺美，我也偏好極簡風，質樸簡單造型的盆器，搭配栽種一株小苗，不必刻意修剪矮化，只要植株健壯也是一種美。

2006年綠摩豆將種子盆栽與魔晶土結合，以期讓更多大小朋友親近植物，有幸受到報社及出版社的青睞，2008年數本口袋書在7-11上架熱銷，其實一切都是無心插柳。如今在有限的時間、能力、條件下，要將種子植物的四季生態，以及栽種成長過程，圖文並茂記錄成書，如果沒有那份使命感，是很難堅持下去的。

一整年度種植拍攝過程，甘苦點滴在心，需要感謝的人很多，在此至上深深謝意，感謝六姊大力提供各類水果，感謝母親、吾兒及家人的支援，感謝豆豆森林版主林俊明、張琦雯夫妻不吝指教，並慷慨熱心提供諸多協助，感謝種子盆栽愛好朋友們的推薦序支持，感謝莊溪老師提供不足的植物圖文，以及網路植物達人們提供所需的參考資料，感謝楓葛芮贊助優質的環保盆器，感謝晨星出版社深具意義的成書工作計劃，感謝弟兄姐妹們在靈性上鼓勵，最要感謝上帝耶和華的種種巧妙設計與安排。期待每一季春暖花開時分，以大自然為師的朋友們，都能種出一片美好的心田。

種子盆栽達人

綠摩豆

進入種子盆栽的世界

撿拾種子樂趣多
種子撿拾＋栽種年曆
種子的取出與保存
種子盆栽的入門技巧
種子盆栽的工具與材料

撿拾種子樂趣多

種子真的是無處不在，只是我們太習以為常而忽略了，像平常吃的水果、住家附近的行道樹、公園的景觀植栽，或者是到郊野、海濱、農場等地踏青，抬頭看看林間樹梢，低頭翻翻灌木草叢，在大樹附近蹲下身找找，都不難發現種子的蹤跡。

一般人對植物認識有限，其實不是植物與我們的生活遙不可及，而是覺得辨識不易，從中找不到樂趣。其實，認識植物並沒有那麼困難，我和孩子輕鬆地跨進植物世界的堂奧，是從生活中吃剩的水果種子開始。

夏季瓜果類種子多，發芽容易，不需太費心催芽與照料，也能長出滿滿一盆小苗；各種豆科食物，生長快速又能吃到豆芽菜，很有成就感；還有些果實種子造型特別討喜，比方說，蛋黃果像企鵝、銀葉樹像小船、大葉桃花心木可當竹蜻蜓在空中飛旋、瓊崖海棠可做成聲音清亮的哨子……發揮想像力，就能在果實種子之中發現童趣，還能趁機學習到各種植物常識。

春天百花盛開，一般植物花期常在春季，秋季則是果熟期。綠色的果實多屬於未熟果，必須等到果實成熟時再撿拾，比較好種。撿回果實種子之後，將它們分門別類裝於夾鍊袋，貼上收集地點、時間，趁新鮮盡快處理種植，才有較高的發芽率。原則上，撿拾種子時，不妨順便觀察採集地點的環境如何，例如光照、濕度、溫度等條件，大致可以作為將來要種植的參考。

種子造型真是巧妙多變，傳播的方式也各有不同，一粒小小的種子如何能長成一棵大樹？又如何與大自然共生共息？生命的運作無一不充滿了奧妙。而有時沉浸在撿拾種子的樂趣中時，一不小心，就會撿了過量的種子，這時就要學習適可而止的態度囉！或者也可以分享給有興趣栽植的朋友們。就這樣，在不知覺之中，撿拾種子種盆栽的樂趣使我們成為植物的傳播者，透過我們的雙手與大自然重新連結，你會發現，其實我們每一個人都能為地球綠化盡一己之心力。

公園中的一排福木，在樹叢
間發現綠色的福木果實。

蓮霧樹下，落了一地紅
咚咚的蓮霧果實。

台灣欒樹是相當常見的行道
樹，種子很容易取得。

種子撿拾 +栽種年曆	春天			夏天			秋天			冬天		
	2月	3月	4月	5月	6月	7月	8月	9月	10月	11月	12月	1月
01 武竹	●	●								●	●	●
02 蛋黃果	●	●									●	●
03 掌葉蘋婆	●	●	●									●
04 羅望子	●	●	●	●	●	●						
05 印度塔樹	●	●	●									
06 月橘	●	●	●	●								
07 咖啡	●	●						●	●			
08 卡利撒	●	●					●	●	●			
09 瓊崖海棠	●	●					●					
10 銀葉樹			●	●	●							
11 大葉桃花心木			●	●	●							
12 臘腸樹										●	●	●
13 春不老	●	●					●	●	●			
14 樹杞		●	●	●								
15 火龍果	●	●										
16 文珠蘭				●	●							
17 穗花棋盤腳					●	●	●	●				
18 茄苳	●			●	●	●	●	●	●			
19 芒果				●	●	●						
20 雞冠刺桐					●	●	●	●				
21 姑婆芋						●	●	●				
22 麵包樹						●	●	●	●			
23 番石榴	●	●	●	●	●	●	●	●	●	●	●	●

種子撿拾＋栽種年曆	春 天			夏 天			秋 天			冬 天		
	2月	3月	4月	5月	6月	7月	8月	9月	10月	11月	12月	1月
24 馬拉巴栗												
25 羊蹄甲												
26 破布子												
27 龍眼												
28 肯氏蒲桃												
29 酪梨												
30 蘭嶼肉桂												
31 水黃皮												
32 蓮霧												
33 福木												
34 海檬果												
35 石栗												
36 台灣赤楠												
37 欖仁樹												
38 繳楊												
39 毛柿												
40 大葉山欖												
41 竹柏												
42 蘭嶼羅漢松												
43 柚子												
44 台灣欒樹												
45 蒲葵												

北回歸線為亞熱帶及熱帶的分界線，嘉義縣水上鄉和花蓮縣瑞穗鄉以北為亞熱帶，以南為熱帶，南部較北部果實早熟1～2個月。

種子的取出與保存

　　處理果實、取出種子，是種子盆栽的第一道步驟。依不同的果實種子型態，有不同的處理方式。

取出種子

果實種子型態	取出方法	舉例
莢果	剝開莢果即可取出。	羊蹄甲、水黃皮等。
蒴果	剝開蒴果即可取出。	馬拉巴栗、繖楊等。
果肉少	剝除果肉即可取出。	蒲葵、印度塔樹等。
種子大	剝除果肉即可取出。	穗花棋盤腳、海檬果等。
果皮硬	放一段時間使果實軟化，比較容易取出種子。	臘腸樹、第倫桃等。
果肉多、種子細小	必須使用網袋或篩網，經來回多次搓揉、泡水以取出。	芭樂、火龍果等。
種子遇水會釋出抑制發芽機制的膠質	泡水搓洗種皮後，短時間內就會發芽。	柚子、阿勃勒等。

　　台灣位於亞熱帶，種子大致分為「正儲型」、「中間型」、「溫帶異儲型」與「熱帶異儲型」四大類型，各有不同的儲存環境。

保存種子

種子類型	儲存環境	舉例
正儲型	可耐低溫及乾燥。	針葉木的毬果種子、楓香，以及闊葉木的茄苳、台灣欒樹、光臘樹等。
中間型	4～15℃的環境。	竹柏、大葉桃花心木、土肉桂、台灣赤楠、樟樹、櫸木、槭樹等。
溫帶異儲型	不耐乾燥，可儲存在0～4℃下保濕儲藏。	福木、蘭嶼羅漢松、大葉山欖、瓊崖海棠、欖仁樹等。
熱帶異儲型	不耐乾燥低溫，較難儲存，宜立即播種。	龍眼、毛柿、麵包樹、銀葉樹、馬拉巴栗、第倫桃、象牙樹、蘭嶼木薑子等。

　　一般處理過的種子若沒有立即種植，可擦乾置入夾鍊袋內，存放於陰涼處或低溫冷藏，以確保發芽率，冷藏儲存期最好半年，不要超過一年，儲藏期間若有種子開裂發芽，可取出直接種植。

種子盆栽的入門技巧

栽種
之前

泡水以利催芽

此為種子預措處理，主要目的是減少病蟲害，同時可使發芽率較整齊。泡水過程中，務必經常更換乾淨的水以利催芽，並淘汰不夠成熟、腐壞的種子。

密封悶出根芽

冬季氣溫低，種子發芽較慢，經過泡水瀝乾的種子，可置夾鍊袋密封層積，悶的過程可2～3天打開袋子換氣，並淘汰不良發霉等種子，袋內有水氣為種子呼吸作用，待悶出根芽，挑選長勢接近的種子一併種植。

挑選飽滿種子

可以目測挑選飽滿成熟、無病蟲害的種子，也可以用手指捏壓試試看，健康的種子較不易被壓碎。

水耕用麥飯石

麥飯石可淨化水質，用於水耕可支撐植株根系，水耕蓄水量必須超過根部的高度。許多種子植物，根系長期泡水生長較緩慢，須經常換水，以利根系呼吸並維持植株健康。

土耕用培養土

種植初期可使用市售透水性良好的培養土，也可加入細沙以1:1混和，植株成長至需換盆階段，可加入壤土混和。

挑選適合盆器

小粒種子，可挑選小盆器，大粒種子，宜種植深盆器；獨株種植，可挑選窄口盆器；種子森林，宜挑選寬口盆器。盆器過小過淺，較不利植株生長，欣賞一段時間後可移植換盆。

彩石增加美觀

土耕時盆土表面覆蓋麥飯石等各式碎石，目的可加壓固定種子，同時可使盆土保濕，且兼具美觀效果。

選擇種植期間

春、秋兩季是最適宜種植的季節，春季播種尤其生長較快，冬季種植如海漂性種子、紫金牛科等，需要越冬翌春才會發芽。

配合盆器澆水

種子盆栽初期以噴水而非澆灌的方式，判斷水分多寡，可用手感掂掂盆栽的重量，也可使用竹籤插入至盆土底部，取出竹籤檢視含水量。有孔盆器，可使水分從底孔排出，待盆土表面乾燥再澆水。無孔盆器，要視盆土濕度控制每次澆水量，可利用竹籤插入盆土觀察，倒掉多餘的水，切忌盆底積水。

耐心等候發芽

許多種子生長速度緩慢，有的從發芽到新生本葉大約要歷時兩個月，冬季甚至長達三個月，每一次拔起種苗再插回的動作，對幼苗都是一種折耗，動作宜輕巧，次數也不宜多，耐心一定會看到好成果。

發芽時的光照

種子有分好光性、嫌光性，簡單區分的方式是：大種子較耐陰、小種子較趨光。種子盆栽多數可在室內育苗，發芽期間忌強光直射。

病蟲害的處置

較高的空氣濕度，有利植物生長；然而溫、濕度若過高，易感染霉菌、病蟲害等，此時應立即捨棄受感染的種子、幼苗，以免傳染到其他植株，嚴重時要將整盆土壤換掉，以避免擴散。

適度調整排列

種子發芽率、成長速度不一致是正常現象，將無法成活的種子、小苗拔除，利用竹籤、鑷子適度調整排列以求美觀。

適度修剪促長

室內光照若不足，種子盆栽容易徒長。植株生長至一定高度，可摘除頂芽葉片，也可適度修剪高度，使側芽生長、植株茂盛。

配合氣候澆水

夏季高溫日照充足，宜每日澆水並增加噴水次數與水量；冷氣房較乾冷，可在盆土表面加濕水苔保濕；冬季寒冷可減少至一週兩次澆水，尤其遇到寒流過境，切忌澆水。

更換盆器技巧

為延長植株成活力，植株過高、根系長出盆器外時即可換盆，可適度修剪側根、徒長的枝葉，帶舊土脫盆換大盆器，在盆器底部及植株四週空隙，另外加入疏鬆壤土或培養土，避免陽光直射。

適時給予日照

除了陽性植物，多數種子盆栽都可適應室內光線明亮的環境，室內光照不足，一段時間須漸進移盆至窗台、陽台，讓植物做個日光浴，使植株強健。

外出時的照顧

可將盆栽移到浴室等濕度較高、較為陰涼的地方。如果是有孔盆栽，可在底盤加滿水；如果是無孔盆栽，仍要留意不使盆土積水，可利用粗棉繩，一端插入盆土，一端置入水盆，利用虹吸原理提供盆栽水分。

種子盆栽的工具與材料

　　工欲善其事，必先利其器，勤奮人計劃周詳，必得益處。進行種子盆栽所需要的工具與材料，都可以在販售園藝用品的商店、超市或花市買到。準備好，就可以開始動手種囉！

夾鍊袋：收集種子及密封種子層積。

剪刀：用以剪開果實或種皮。

篩網：清洗細小的種子。

紗布袋：清洗細小種子。

水盆：浸泡種子。

寬口無孔淺陶盆：使用無孔盆器種植亦可。

手拉坏無孔深盆器：手拉坏盆器的質感特別溫潤。

寬口有孔環保盆：使用環保材質，為地球盡一份心力。

培養土：土耕用的介質。

麥飯石：土耕時覆蓋種子，亦可用在水耕。

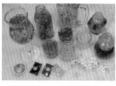

魔晶土：水耕用的介質。

各式彩石：土耕時覆蓋種子，亦可用在水耕。

鑷子：用來在盆土上排列小型種子及移植小苗。

竹籤：可移植小苗及測盆土濕度。

噴水器：噴灑盆栽補充水分。

保鮮膜：播種初期保濕。

不織布或棕櫚樹皮：有孔盆器擋底孔用。

濕水苔：層積種子保溼用。

一年四季的種子盆栽

春夏秋冬
栽種蒔植

01
武竹

02
蛋黃果

03
掌葉蘋婆

04
羅望子

05
印度塔樹

06
月橘

07
咖啡

08
卡利撒

09
瓊崖海棠

10
銀葉樹

11
大葉桃花心木

12
臘腸樹

13
春不老

14
樹杞

SPRING

春栽

武竹

元氣十足

■科名：百合科
■學名：*Asparagus densiflorus Jessop*
■英文名：African Asparagus
■別名：天門冬、非洲天門冬、杉葛、密葉武竹、垂葉武竹。
■原產地：南非。

植物解說 武竹與竹子並沒有關係，一般常見的品種有密葉武竹、狐尾武竹，武竹與文竹（園藝俗名新娘花）同為百合科，飄逸的葉型有些神似，常被拿來相題並論。

天門冬屬的武竹與中藥材天門冬也是近親關係，植物型態較難分辨，也就是這個緣由，武竹其中有個別名就叫天門冬，聽說武竹也能食用，至於是否與正港的天門冬具相同的藥用療效，可千萬不要學神農氏嚐百草，最好還是多方探聽了解，到時候心動再行動也不遲。

武竹耐陰性強，全日照、半日照的環境生長良好，是常被用來裝飾在牆緣、花台、吊盆、組合盆栽的景觀植物。

↑ 葉色四季常綠，真葉已退化，假葉為特殊葉狀莖，線形扁平，1～5枚簇生，輪狀互生。

↑ 花期南部3～6月，北部4～7月。白色小花，帶有清淡芳香。

→ 多年生常綠草本，常用於花台植物，株高約20公分，枝條木質化柔軟下垂。

栽種筆記 還記得第一次尋找武竹時,遍尋假日花市也找不到一盆,無意間路經一所校園矮籬、加油站外牆、預售屋大樓花台……,才發覺原來武竹是用來裝飾的草本配角,期待日後有機會,在花台上種滿一長排武竹,如綠色瀑布般地垂掛在窗外。

武竹看似柔軟的莖葉,藏匿著保護刺,收集種子時,必須小心翼翼撥開一團濃密的盛草,以免被刺刮傷。過了這一關,稍微費些耐性照料,直到生根長葉,地下根莖的蓄水力,久久澆一次水都能成活,可以說是等同仙人掌一樣耐活的植物,自視為綠懶人或植物殺手嗎?種一盆武竹試看看吧!

↓果實成熟,可收集紅色熟果種植,須留意莖上的刺針。

Seed growth

1週　2週　　3週　　4週　　5週

■果實種子:圓型漿果,果熟由翠綠轉鮮紅,直徑約0.5公分,內含約0.3公分黑色球形種子1～2粒,偶有3粒。

■撿拾地點:各地公園、校園、路邊花台。

■撿拾月份:
南部
1 2 3 4 5 6 7 8 9 **10** **11** **12**
北部
1 2 3 4 5 6 7 8 9 **10** **11** **12**

■栽種期間:春、夏二季。

↑綠色未熟果、紅色熟果、黑色種子。

↑輕壓紅色熟果,即可見黑色種子。

栽種難度：

栽種要訣：為避免被刺傷，可戴手套收集種子。武竹種子盆栽需要充足日照，並適度修剪，以避免長成一團雜草。種子可低溫乾藏約半年。

栽種步驟

1 剝除果實表皮，清洗乾淨。

2 種子泡水浸潤約1週，每天更換乾淨的水。

3 培養土置入盆器約9分滿，將種子灑播於盆土上。

4 種子密集鋪平勿重疊。

5 在種子上覆蓋麥飯石，或碎石、彩石皆可。

6 每天或隔天噴水1次，使種子保持充分濕潤即可。

7 大約第2週，細長的莖葉探出，向光性彎腰。

8 1個半月，可適度修剪過長莖葉。

9 2個月的完成品，室內有光線、照明充足處佳。

蛋黃果

人間仙桃

■科名：山欖科
■學名：*Lucuma nervosa* A. DC.
■英文名：Egg Fruit
■別名：仙桃、獅頭果、林山欖、蛋黃樹。
■原產地：美國佛羅里達州、古巴。

植物解說 台灣於1929年由菲律賓引種，全台各地零星栽培，嘉義縣境為最主要產區。陽性植物喜溫暖日照充足環境，耐寒性較差，果肉缺乏水分，顏色和質地都像蛋黃，所以稱為「蛋黃果」，外型似桃子別稱「仙桃」。

品種分為長型果及心型果兩類，長型果較大，品質口感佳，心型果圓短，風味稍差，一般市售果實8分熟採收，貯藏9～15日追熟後食用，用電石或食鹽沾果蒂處理，約經2日即可迅速軟熟，軟熟後可再貯藏10餘日，產期調節後，夏季水果攤也可見到販售，果實另可製作果醬、冰奶油、飲料或果酒。

↑ 葉多叢生枝條先端，互生，螺旋狀排列，長橢圓形、披針形或長倒卵形薄革質，全緣，葉柄有褐色毛茸。

← 花期5～6月。花單生，小形，白色或淡黃色，叢生於枝條先端葉腋。

→ 常綠小喬木，樹高 5～9公尺，樹冠圓錐形，幼枝條常具褐色柔毛，之後則光滑無毛。

栽種筆記 水果的基本條件是汁多味美，如果乾巴巴的，怎能算是水果呢？蛋黃果的口感綿密粉粉微甜，看起來像蛋黃，吃起來像煮熟的地瓜，打成果汁則很濃郁，還不錯吃。它的種子很可愛，與同為山欖科的大葉山欖種子很像，差別於在蛋黃果的種子頂端尖尖硬硬像鳥嘴，近看全身又像一隻南極企鵝。請家中小兒練習試種，將種子尖端朝上種植，他對於小企鵝鳥嘴要朝上，大感詫異，向他解釋企鵝的頭要朝上才能呼吸，正確答案固然重要，互動的過程有趣才能記憶深刻。趁著等待發芽的期間，不妨放慢腳步，慢活一下，欣賞可愛的種子小企鵝。

↓ 果實約在 12 月間開始成熟，未熟果呈深綠色，直到呈金黃色熟軟才能吃。

- **果實種子**：卵形漿果，長約7～10公分，熟果橘黃色，長果內含3～4公分橢圓形深褐色種子1粒，短果含種子2粒以上。
- **撿拾地點**：台北市士林雙溪公園、台中大肚山環保公園、高雄觀音山；水果攤亦有售。
- **撿拾月份**：
  1 2 3 4 5 6 7 8 9 10 11 12
- **栽種期間**：春、夏二季。

2週　　3週　　4週　　6週

↑ 果熟整顆果實呈金黃色，表皮光滑，果肉粉狀，缺乏水分。

↑ 種子光滑油亮，淺色平坦面的一端突出尖銳。

栽種難度：

栽種要訣：種子去殼生長較快，水耕比土耕生長慢，北部因氣候等條件，種子發芽率與整齊度比南部低。種子新鮮即播發芽率高，不耐乾燥低溫。

· 栽 種 步 驟 ·

1 洗淨種子泡水浸潤，每天換水約1週，即見種殼一一開裂。

2 培養土置入盆器約8分滿。種子開裂芽點朝下種植，間隔宜寬。

3 露出部分種子，面朝同一方向，像似仰頭嗷嗷待哺的雛鳥。

4 覆蓋麥飯石或其他碎石、彩石。

5 每天或隔天噴水1次，使種子保持充分濕潤。

6 大約種植6週後，種子的新葉開展。

7 大約第7週，第2層葉片漸修長。

8 大約第8週，慢生的幼苗緊追而上。

9 可適度調整修剪高度。可適應室內光線。土耕、水耕皆宜。

掌葉蘋婆

掌葉繁茂　蕭瑟亦美

■科名：梧桐科
■學名：*Sterculia foetida* Linn.
■英文名：Hazel Sterculia
■別名：裂葉蘋婆、香蘋婆。
■原產地：熱帶亞洲、非洲、澳洲。

↑ 掌狀複葉，小葉 5～9 枚，橢圓狀披針形，葉紙質，叢生枝條先端。

↑ 花期4～5月，圓錐花序，花小多數，紫紅色，花序頂生，多與新葉同時長出，開花時氣味特殊濃郁，大約歷時2週。

→ （上）落葉大喬木，樹高可達25公尺，具有樹脂，小枝輪生，枝條平展，樹冠圓傘型。（下）冬季看似枯木，枝椏高掛著開裂的木質果實，種子多數已掉落，頗具蕭瑟美感。

植物解說 掌葉蘋婆大約在1900年由印度引進台灣，生長快、枝葉寬廣，是良好的行道樹與公園綠蔭樹。性喜高溫多濕，日照充足，木材可製作器具，種子可榨油食用，根、葉、果殼可供藥用。

秋、冬兩季，綠葉催黃枯落，光禿禿的枝椏掛滿開裂的木質果實，是極佳的賞果植物。初春，紫紅色小花與紅褐色新葉，同時探出著生枝頂，花期盛開，氣味獨特，南部人稱為「豬屎花」。大自然的奧秘吸引著逐臭之夫，許多昆蟲趨之若鶩這「愛的芬多精」。盛夏，枝繁葉茂，冠幅可達10公尺，樹蔭下納涼暑氣頓消。

栽種筆記 在辨識植物方面，難免會「錯將馮京當馬涼」，掌葉蘋婆和馬拉巴栗除了掌狀複葉相似，仔細觀察兩者幼苗，子葉不同，掌葉蘋婆的幼莖稍具黏性，也不像馬拉巴栗，一粒種子可生長多植株。

初試種子盆栽的朋友，多數是興致勃勃的，澆水過多是人之常情，掌葉蘋婆的種子亟需留意水分控管，稍一不慎就會導致種仁腐爛發霉長蟲。

種子盆栽可以說是觀察生態的入門，在學習辨識與種植的過程，能培養耐心、細心、以及忍受挫折的能力，在台灣園藝療法方興未艾，加上平地造林的提倡，種子盆栽還有很大的發展空間。

↓果期6～12月，果實成熟木質化像木魚，開裂像紅色愛心，可蒐集掉落的種子種植。

↑開裂的熟果像愛心，種子可輕易脫離果實。

■**果實種子**：蓇葖果，扁球形或木魚形，長約10公分，果熟轉為紅褐色，內含長約2公分紫黑色橢圓形種子10～20多枚。
■**撿拾地點**：台北市市府路、台中市梅川東西路、高雄市澄清湖、同盟路、南部各地公園、校園、行道樹。
■**撿拾月份**：
1 2 3 4 5 6 7 8 9 10 11 12
■**栽種期間**：春、夏季。

Seed growth

泡水3～5天　　種植1週　　2週

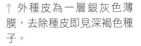

↑外種皮為一層銀灰色薄膜，去除種皮即見深褐色種子。

　│　種子盆栽：隨手撿、輕鬆種

栽種難度：

栽種要訣：種子開裂即應種植，種植前需把芽點擦乾比較不會爛根，因為種子不耐濕，種植水量宜少不宜多，否則易發霉腐爛蟲害。種子可短期低溫乾藏。

栽 種 步 驟

1 清洗乾淨種子，剝除外種皮，泡水2～7天，種皮開裂即種植。

2 培養土置入盆器約8分滿，開裂處為種子芽點，朝下種植。

3 種子上覆蓋麥飯石或其他碎石、彩石皆可。

4 第3天才開始噴水，以後每2天噴水1次，須少量避免爛根。

5 大約種植半個月後，可見到子葉探高。

6 大約3週後，嫩綠新葉開展，種殼還掛在子葉上。

7 大約1個月，葉片由淺綠慢慢轉至深綠。

8 掌狀葉平展開來，需充足日照。不耐水耕。

羅望子

酸甜好滋味

■科名：豆科
■學名：*Tamarindus indica*
■英文名：Tamarind-tree
■別名：羅晃子、九層皮果、酸果樹、酸角、酸豆、酸子。
■原產地：印度、爪哇、非洲尼羅河流域。

植物解說 羅望子在一些熱帶國家並不陌生，英文"Tamarindus"由"Tarmar"（熟棗）和"indus"（印度）組成，原產於非洲東部，被引種到亞洲熱帶地區、拉丁美洲和加勒比海地區，在印度南部是常見的觀賞行道樹，當地猴子很喜歡吃成熟的羅望子果實。台灣大約於1895年由印度、爪哇引進，南部氣候適宜，栽種較多。

羅望子用途很廣，心材木質呈黑紅色，質地硬實密緻，被用於農具、家具、地板等，果實可生食以及製作甜點、飲料、調味料等，葉可做食用香料，果實、葉、樹皮也可做藥用，種子油炸後可食，果實還可用於去除銅銹。

↑ 葉對生，一回偶數羽狀複葉，小葉約10～20對，長橢圓形。黃昏入夜，葉片收縮下垂狀似含羞草。

↑ 花期夏、秋季，總狀花序腋生，小花乳黃色，花瓣有紅褐色脈狀紋。

→ 常綠喬木，南部株高可達 10多公尺，北部零星栽種。

栽種筆記 至大賣場買了袋乾燥的羅望子回家吃，酸中帶甜滋味還不賴，原以為羅望子像龍眼乾一樣是不能種植的，試種的結果，發現竟然是活的種子，發芽率還不錯，真是意外收穫！

家中的眾多盆栽裡，羅望子就是能讓人聚焦。帶種子盆栽外拍，常有人誤以為是含羞草之類的路邊野草；遇到泰國、越南籍的外藉配偶，問過我們後才知道是她們家鄉常見的水果，小小的盆栽帶來人際交流互動，挺好。

雖不像含羞草一碰觸整株就害羞收縮，每到黃昏入夜，葉片會自然下垂，有時以此提醒耍賴不睡的寶寶，天黑黑該是睡覺的時候囉！

↑ 莢果與果肉間有硬纖維，褐色果肉似黏土。莢果內1個圓弧就藏有1粒種子。

■ **果實種子**：莢果圓筒狀，長約7～15公分，熟果呈黃褐色，內含長約1公分四角或多邊形深褐色種子數粒。

■ **撿拾地點**：新北市八里左岸、台中市科博館、台南成大大學路、高雄都會公園。

■ **撿拾月份**：

南部
1 2 3 4 5 6 7 8 9 10 11 12

北部
1 2 3 4 5 6 7 8 9 10 11 12

■ **栽種期間**：春、夏二季。

↓ 果期11月～4月。果皮脆，質薄，果實成熟，可收集落果種植。

Seed growth

1天　　　1週　　　10天

↑ 種子外有層薄膜，容易剝除，米白色芽點明顯。種子有稜有角不規則，硬實亮滑像糖果。

033

│ 種子盆栽：隨手撿、輕鬆種

栽種難度：　　栽種要訣：種子硬殼泡水會漸軟化褪皮，澆水過多種子易發霉。豆科種子成長速度快，需充足日照。種子可乾燥儲藏。

栽種步驟

1 剝除果皮、果肉，將種子清洗乾淨。

2 大約浸泡3天，種子膨脹即可種植。

3 培養土置入盆器約9分滿，種子芽點朝下種植，間隔宜寬。

4 種子上覆蓋麥飯石（或碎石、彩石），每天或隔天噴水1次使種子保持濕潤。

5 大約種植1週，可見到種皮開裂。

6 第8天，米白色的莖抽高，真是一眠大一吋。

7 大約第10天，淺綠葉片伸出來招手。

8 才2週就有模有樣，成長速度驚人！

9 種植時間對，光源充足，1個月搖身一變成了綠美人。

印度塔樹

長葉垂枝　暗羅搖曳

■科名：番荔枝科
■學名：*Polyalthia longifolia* (Sonn.)
■英文名：Long-leaf Polyalthia
■別名： 垂枝暗羅、長葉暗羅、印度雞爪樹。
■原產地：印度、巴基斯坦、斯里蘭卡。

植物解說　番荔枝科主要分布於熱帶及亞熱帶地區，為常綠喬木、灌木、藤本植物，約有120多屬2300多種。台灣番荔枝科有8屬19種，印度塔樹和釋迦同屬此科。

印度塔樹為蕃荔枝科暗羅屬常綠中喬木，樹冠尖聳挺立，枝葉茂密下垂，在印度被稱為「阿育王樹」。在造物主的定義中，植物並無國界與宗教的藩籬。

性喜高溫、高濕、日照充足環境，耐熱、耐旱、抗風，耐貧瘠土壤，抗病蟲力強，以種子繁殖，華南地區於溫室育苗方可安全過冬，台灣生長條件適宜，行道樹、校園普遍種植，為具觀賞性的優良綠化樹種。

↑ 單葉互生，狹披針形下垂狀，葉面紙質油亮，葉緣波浪狀，長約15～20公分，易辨識。

↑ 花期3～5月中旬。淺綠色小花，腋生花瓣6枚，繖形花序。莊溪／提供。

→ 常綠中喬木，柔軟下垂的綠葉將樹幹覆蓋成尖塔狀，成株高度可達8公尺。

夜色昏暗，幽幽飄揚的樹影，彷彿張牙無爪
的巨獸，隱匿在黑暗中；晨曦日照，綠葉婆
娑，像似拖曳一襲綠羽舞衣，靜待出場表演的舞者。有
人說她像尖塔、未張開的傘、聖誕樹、雞爪……只要想像力豐
富，總有千變萬化的聯想。

經過日曬雨淋，散落一地的金黃色種子，已不見果肉，泡水浸
潤的過程，幾乎沒有不好的氣味，隨撿即種發芽率與生長狀
況不太整齊，可多種幾盆再挑選長勢較佳的移植，留意濕度控
管，避免盆土過濕種子發黴生蟲，小苗樹形高低錯落，看來含
蓄謙卑，有著垂枝暗羅的雛型。

↑ 左邊深色為印度塔樹熟
果，右邊青色未成熟。

■果實種子：卵形聚合果，
長約2公分，果熟為黑褐
色，內含長約2公分淺褐
色種子1枚。
■撿拾地點：新北市淡水觀
海路、台中市都會公園、
高雄市同盟路、岡山工業
區、各地公園、校園、行
道樹。
■撿拾月份：
 1 2 **3** 4 5 6 7 8 9 10 11 12
■栽種期間：春季。

↓ 果實由綠果漸成熟至紫黑色，整串掛枝頭，顏色富變化，熟果會自然
掉落，可收集落果種植。

> **Seed
> growth**

4週　　　　6週　　　　8週

↑ 種皮內果肉不多，種子有
一道中線深溝，雙子葉植物
特徵明顯。

栽種難度：

栽種要訣：撿拾新鮮帶果肉的種子，發芽率高，泡水2天後，將浮在水面的種子淘汰，可置夾鏈袋悶出根芽再種植。種子發芽長莖葉後，移至光源充足全日照環境佳。種子不耐儲藏。

栽 種 步 驟

1 剝除果實表皮，將金黃色健康種子清洗乾淨。

2 大約浸泡1週每天換水催芽，淘汰浮在水面的種子。

3 右邊為種子芽點，將種子芽點朝下種植。

4 培養土置入盆器約8分滿，種子間稍微留空隙。

5 在種子上覆蓋麥飯石或其他碎石、彩石，可露出部分種子欣賞。

6 每天或隔天噴水1次，使種子保持充分濕潤即可。

7 約6週後，新葉開展。7週，葉片由淺綠漸轉深綠。

8 4個月，完成品高低錯落，不錯看吧！光源充足的環境佳。

月橘

七里香　傳滿庭

■科名：芸香科
■學名：*Chalcas paniculata*
■英文名：Common Jasmin Orange
■別名：七里香、十里香、千里香、滿山香、石松、石苓。
■原產地：台灣、華南、印度、緬甸、馬來西亞、菲律賓、琉球。

植物解說　月橘的本名雖沒有七里香來得耳熟能詳，在辨識分類植物時，參考本名才是最便捷的，既然有「橘」為名，想當然爾與柑橘類有某種程度關係，透過光線細看葉片，有許多透明油腺點，揉搓後果然有類似柑橘的濃郁氣味，這是芸香科植物的特徵，也是蝴蝶的最愛。

常綠灌木或小喬木，圍籬株高約1～3公尺，單株種於庭園或於山林中，可高達10多公尺。數十年小品盆栽價格不斐，最怕山林中的老樹有時候也會被「山老鼠」盜伐。果實成熟可食用以及作為藥材，木質堅硬、細緻，可用於印章、雕刻材料、農具等。

↑ 葉互生，奇數羽狀複葉，小葉5～9枚，葉面有油腺點，搓揉有似柑橘香味。

↑ 主要花期6～9月。頂生或腋生繖房花序，花瓣白色，有香味。

→ 常綠灌木或小喬木，枝葉耐修剪，普遍栽植作庭園綠籬，道路旁水溝邊時常可見。

栽種筆記　「七里香」，如此詩情畫意的名字，詩人、歌手以此創作出膾炙人口的詩篇與樂章，原來她只是水溝邊常見到不起眼的矮圍籬，沒想到小品盆栽的她，竟能有老樹縮影的大家風範，那麼種子小森林盆栽呢？

造物主設計生態，萬物總是環環相扣密不可分，採集足夠種植的果實，別貪心，其餘的可要留還給蟲、鳥及大自然，否則若不及時種植，發芽率漸失，光是看外觀也看不出來的，興致勃勃種了一大盆，等了幾個月，才發覺白忙一場。有時一口氣多種了幾盆，分送給親友當作伴手禮，也不錯！

■**果實種子**：卵形漿果，長約1公分，果熟由綠轉紅，內含長約0.6公分米色種子1～2粒。
■**撿拾地點**：各地公園、校園、行道樹。
■**撿拾月份**：
1 2 3 4 5 6 7 8 9 10 11 12
■**栽種期間**：春、夏二季。

↓栽培得宜，一年結果2次，成熟時由青綠轉為鮮紅色，相當醒目。

↑月橘果實，3～5月果實發芽率較高。

Seed growth

3天　　1週　　10天

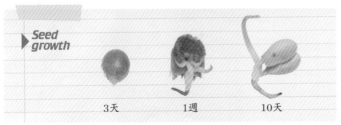

↑果實種子縱切面。成熟果肉紅色，內有1顆全豆種子或2顆半豆種子。

栽種難度：

栽種要訣：想欣賞子葉，種子泡水後置夾鍊袋層積至發芽後，可露出種子種植，幼苗具向光性，需要全日照、半日照條件。種子可低溫乾藏半年～1年。

栽種步驟

1 剝除果肉，清洗乾淨。可將果實置入細網袋搓揉，再泡水、沖洗、篩選。

2 種子泡水1週，每天換水以催芽，丟棄浮起、軟爛的種子。

3 培養土置入盆器約8～9分滿。

4 尖端為種子芽點，芽點朝下種植。

5 為求種子森林美感，種子須排列整齊。並覆蓋麥飯石或碎石、彩石。

6 每天或隔天噴水1次，使種子充分濕潤，切勿積水。

7 約2週後莖探高長出新葉，需增澆水量。此階段向光性明顯，可轉動盆器使其向上生長。

8 大約第6週，葉片由淺綠轉至深綠。適合光源充足或散射光線。2年後可換盆。

咖啡

好東西要和好朋友分享

■科名：茜草科
■學名：*Coffea Arabica*
■英文名：Arabian Coffee
■別名：阿拉伯咖啡、小果咖啡。
■原產地：衣索匹亞、熱帶非洲。

植物解說　據傳有位牧羊人的羊群吃了一種植物果實後變得異常興奮，因而發現咖啡的妙用。西元575年，阿拉伯西南部的葉門人已開始使用；西歐約於1615年開始飲用。全球最大的咖啡產國為巴西，其次是哥倫比亞，因此南北回歸線及赤道附近的熱帶地區，被稱為咖啡帶。

咖啡約有90幾種，主要由3個原生種發展：阿拉比卡咖啡，又稱阿拉伯咖啡、羅布斯塔咖啡又稱剛果咖啡、利比亞咖啡又稱賴比瑞亞咖啡，台灣目前主要栽培阿拉比卡咖啡。小果咖啡被大量種植，19世紀末發生了一次大面積的病害，種植者才開始尋找其他抗病的品種。

↑ 單葉對生，卵狀橢圓形。全緣或呈淺波形，薄革質，葉面濃綠色，具臘質。

↑ 冬至春季開花，聚繖花序簇生於側枝葉腋，花濃郁似茉莉花香，花期約3～5天。

→ 常綠小喬木或大灌木，株高5～8公尺，豆農常修剪至2公尺以下方便採收。

栽種筆記 還記得「好東西要和好朋友分享」這句廣告詞嗎？咖啡的送禮文化一時蔚為風行，早已成為台灣普及化的日常飲品。咖啡的文化歷史悠久，至於種咖啡，可別以為只有專業人士才辦得到，喝咖啡、買咖啡，別忘了和咖啡農情商一些生豆，回家試種看看吧！

好喜歡看種子發芽的生長過程，似乎有種神奇的感染力。咖啡挺出細莖，頂起小豆豆，撐開種皮薄膜探出蝴蝶狀雙子葉，像似脫繭而出的蝶蛾，雖然不會振翅而飛，蓄勢待發的力量同樣是驚人的。每次與愛喝咖啡的朋友們分享咖啡種子盆栽，得到相同的回應都是──酷！

↓夏至秋結果，熟果為鮮紅、暗紅色，可收集落果種植。

> **Seed growth**
> 4週　　7週　　9週

■果實種子：漿果長約2公分，果熟由綠轉黃紅至暗紅色，外果皮革質，內果皮透明硬膜質，內藏銀灰色種子長約1.5公分1～2粒。

■撿拾地點：三芝竹柏山莊、雲林古坑鄉果園、嘉義農場、中興大學惠蓀林場、屏東萬巒鄉佳佐國小、花蓮縣舞鶴一帶。

■撿拾月份：
1 2 3 4 5 6 7 8 9 **10 11 12**

■栽種期間：春、秋二季。

↑鮮紅的咖啡熟果被暱稱為咖啡櫻桃。內藏1顆全豆或2顆半豆。

↑紅色外種皮內藏有果肉、種子，淺褐色內種皮包裹著種子，種子有一道中線深溝。

種子盆栽：隨手撿、輕鬆種

栽種難度：

栽種要訣：剝除硬質種皮較費工，宜小心與耐心。咖啡長勢慢，原為林木較低層植物，可耐陰，半日照佳。種子可乾藏半年。

栽種步驟

1 剝除果實表皮，清洗乾淨。

2 大約浸泡1週，每天更換乾淨的水催芽。

3 小心剪開剝除硬膜質種皮，淘汰瑕疵種子。白色小小突出即芽點，朝下種植。

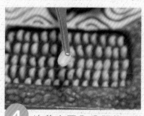

4 培養土置入盆器約9分滿，種子間隔約1粒種子。

5 在種子上覆蓋麥飯石，可遮光、加壓同時兼具美觀。

6 每天或隔天噴水1次，使種子保持充分濕潤，切勿積水。小種子出土透氣嘍！

7 大約1個月後，種子被嫩莖一一頂起。

8 大約2個月後，油亮的子葉從薄薄的銀皮一一伸展。

9 4個月本葉展開，半年完成品，種子盆栽耐陰性佳，可適應室內光線。

卡利撒

給你好氣色

■ 科名：夾竹桃科
■ 學名：*Carissa grandiflora*
■ 英文名：Carissa
■ 別名：美國櫻桃、大花假虎刺、大花卡梨、丹吾羅。
■ 原產地：南非、印度、錫蘭、緬甸、馬來西亞、爪哇。

↑ 單葉對生，厚革質，闊卵形，先端微尖有小短突刺，退化葉轉為鮮紅色。

↑ 在分枝葉腋間，有1對Y形刺針。

↑ 全年開花，主要花期3～6月，花白色，著生於頂端。

→ 常綠灌木，株高約1～3公尺，全株具白色乳汁。

植物解說 卡利撒分布於熱帶及亞熱帶地區，原生於南非納爾塔省，在當地人們將果實製作成果漿、甜餅餡等食材。卡利撒全年開花結果，主要花期為春、秋二季，植株成熟後呈木質化，全株分泌白色乳汁。具抗風、耐熱特性，沿海地區生長迅速，成株有刺針，常用於庭園美化栽培、綠籬、盆栽。

台灣引進栽培普遍，常見的卡利撒有大花卡利撒、小卡利撒、無葉卡利撒、斑葉卡利撒。全年開花結果，Y形刺針保護著花果，花果期可欣賞花繁果茂盛況，紅色熟果可生食，基於夾竹桃科，加上乳白色汁液，在台灣少有人食用。

栽種筆記 我家附近剛好有這種較少見的植物，有些熟識植物特性的人會採集熟果。卡利撒的果實富含鐵質可食用，但它的分類竟屬夾竹桃科，從小對夾竹桃認知為有毒植物，鮮紅的漿果、乳白的汁液，懷著忐忑的心情，鼓起勇氣吃了一小口，酸酸甜甜的滋味，身體也沒任何不適，吃上幾粒補充鐵質，也許可以帶來好氣色。

卡利撒屬陽性植物，需要全日照的條件，最好栽培於窗台有陽光處，新生的渾圓葉片，可愛且吸引人，不像成株具刺。生長至一定高度開始高低錯落，適度摘頂芽，增加側枝看來更茂盛。

↑果實橫切面。粉紅色果肉，分泌白色乳汁。內含卵形或橢圓形扁平種子。

■果實種子：橢圓形漿果，果熟呈鮮紅色及深紅色，徑長約3公分，內含徑長約0.3公分褐色種子10～30粒。

■撿拾地點：新北市八里左岸、台中市梧棲區港區公園、高雄市西子灣。

■撿拾月份：
1 **2** 3 4 5 6 7 8 9 10 11 **12**

■栽種期間：春季。

↓果實成熟，可收集暗紅色落果種植。

←熟果為紅色。

→未熟果為綠色。

←果實縱切面。

▶ **Seed growth**

5週　　　　6週　　　　7週

栽種難度：

栽種要訣：採集果實時要留意葉腋間刺針，果肉白色乳汁稍具黏性，果實以夾鍊袋悶至軟爛較易取得種子，培養土以沙質壤土佳。種子不耐儲藏。

栽種步驟

1 剝開果實，以小杓匙刮下種子。

2 清洗乾淨種子，約浸泡1週，每天更換乾淨的水。

3 可由盆器外緣以同心圓方式排列種子。

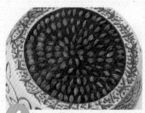

4 將種子排列整齊，或灑播均勻不重疊。

5 在種子上覆蓋麥飯石，其他碎石、彩石皆可。

6 每天或隔天噴水1次，使種子保持充分濕潤即可。

7 大約4週後，2片子葉探出。可移至光源充足處。

8 約第6週，圓潤可愛的葉片由淺綠轉至深綠。

9 4個月成品，適合種植於全日照或半日照環境。

瓊崖海棠

海棠風情　圓滿多福

■科名：藤黃科（金絲桃）
■學名：*Calophyllum inophyllum L.*
■英文名：Kalofilum Kathing
■別名：紅厚殼、胡桐、君子樹、海棠果。
■原產地：台灣恆春沿海、中國海南島、日本琉球。

↑ 葉橢圓形對生，厚革質。葉背可見凸起的中勒，兩旁細密整齊的平行側脈。

↑ 4～5月、7～8月開花，圓錐花序，花白色，腋生，芳香，有長梗。

→ 常綠喬木，樹冠圓形，成株高度約7公尺。花蓮明禮路百年瓊崖海棠老樹形成綠色隧道。

植物解說　花蓮市明禮路兩側，植栽了40餘株蒼勁的瓊崖海棠，共生棲息著多種真菌、植物、蟲鳥生態，據悉樹齡已近百年，從人類角度的百齡老樹，在大自然中即使千年也算是幼齒，一株小樹苗自然生長，究竟要度過多少天災天敵，生命的限度有多長，只有造物主能數算。

瓊崖海棠為台灣原生樹種，樹性強健，生長緩慢，樹皮厚，深根性，厚革質葉片表面具蠟質，可種植海岸造林、行道樹、庭園樹、盆栽等，木材緻密堅重耐蛀，可製作船艦、家具、農具等用材，樹皮可做染料，樹脂、葉、根、種子等可藥用。果實可食。

↑ 剝開種子，木質化種殼內有一層木栓質，以利浮水海漂。

栽種筆記 我挺愛和小朋友分享大自然素材，瓊崖海棠不僅名字美麗，可愛的圓型木珠種子，可以當彈珠玩，挖個洞取出種子，還能當哨子吹，古早味童玩，不需花錢也能享受DIY樂趣。

一回路經小公園，一排瓊崖海棠樹下，許多落地的種子已發出小苗，卻被當成雜草砍斷，有的又重新發新枝葉，剛巧有工人正在割草皮，搶救了一些小苗回家，算是對大自然一點小小的回饋吧！它也是園藝店常見的種子盆栽，被稱為「龍珠果」，發芽速度慢，生長也慢，若土耕照顧得宜，不換盆也能欣賞好幾年，是我最愛的種子盆栽之一。

■ **果實種子**：球形核果，徑約3公分，熟果由綠轉褐色，內含約2公分乳白色種子1枚。
■ **撿拾地點**：台北市師大路、台中清水休息站、高雄市岡山工業區、花蓮市明禮路、各地公園、校園、行道樹。
■ **撿拾月份**：
1 2 3 4 5 6 7 8 9 **10** **11** 12
■ **栽種期間**：春、秋二季。

↓ 春夏季結球形核果，據說綠色未熟果可加糖醃漬吃。果實轉熟，氣味香甜，是蟲類的最愛，可收集褐色落果種植。

乾果。

去皮種子。

去殼種仁。

↑ 種仁富含脂質，可萃取提煉壓縮精油，舒緩皮膚等功效。

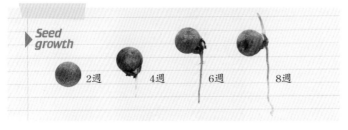

Seed growth

2週　　4週　　6週　　8週

栽種難度：

栽種要訣：可種成獨株或種子森林，種子不去殼約2個月後發芽，盆栽耐陰性與水耕都不比福木持久，成株充足日照生長良好，種子可低溫冷藏約1年。

栽種步驟

1 種子剝除果實表皮，清洗乾淨。可敲裂種殼以利發芽。

2 大約浸泡10天，每天更換乾淨的水。

3 若喜歡木珠種殼美感，可保留種殼，將種子凸出芽點朝下種植。

4 覆蓋麥飯石，或其他碎石、彩石皆可。

5 每天或隔天噴水1次，使種子保持充分濕潤。

6 想要早點看到發芽成長，可去殼種植，凸出處即芽點，向下種植。

7 大約第5週，粉紅色的莖探高，嫩綠葉片也開始伸展。

8 大約第7週，種仁已由黃轉綠，新生葉片也漸多。

9 種子盆栽可耐陰，充足日照長勢佳。

銀葉樹
愛拚才會贏

■科名：梧桐科
■學名：*Heritiera littoralis Dryand.*
■英文名：Looking Glass Tree
■別名：銀葉板根、大白葉仔。
■原產地：台灣、太平洋群島、熱帶亞洲。

植物解說　銀葉樹為台灣濱海原生植物，分布於北基宜、恆春半島、蘭嶼海岸等地，天氣晴朗，站在樹下抬頭仰望，銀白色的葉影隨風翻弄著，這就是銀葉樹名稱的由來。台灣四面環海，氣候溫暖，夏秋多颱，很適合抗風、耐鹽、抗旱、耐濕等特性的銀葉樹生長。

據悉銀葉樹原生於熱帶雨林地區，終年處於多雨濕熱泥濘環境，為適應不利的生存環境，生長突出土壤的板根，增加根部的呼吸面積，同時可鞏固支撐樹幹，為了拓展繁衍，果實具備海漂特性。木材可供建築、造船、家具等用途，種子可供藥用治腹瀉。

↑葉革質，長橢圓、披針狀長橢圓形，掌脈或羽脈，葉背表面密被銀白色鱗片。

↑花期4～5月，10～11月。雌雄同株，花小綠色，圓錐花序，雄花萼鐘形，花瓣退化。

→常綠中喬木，成株高度約10公尺，基部常有明顯板根，為優良的海岸防風樹種。

栽種筆記 銀葉樹的果實造型特殊，很難不讓人多看一眼。撿拾掉落一地的果實，雖然明知道夠種就好，偏偏難掩興奮的心情，就是難以收手。有些過小的種子發育不完全，可留下作為裝飾，挑選大粒飽滿的種子泡水催芽，一堆種子浮在水面像一艘艘小船，不免聯想到方舟。

銀葉樹發芽超級慢，這是許多海漂植物的共同特性，尤其在冬季種植，幾乎要等到春天才能見到動靜，有了這層了解，也就不會操之過急。但為了確保種子發芽率，可將種殼小心除去，精挑細選優良種子，大約種植3週可見發芽，2個月即見銀白色葉背閃閃動人。

■ **果實種子**：扁橢圓形堅果，長約3～5公分，熟果木質褐色，內含約2公分米色種子1枚。
■ **撿拾地點**：新北市關渡水鳥公園、高雄市九如四路、濱海各地公園、行道樹。
■ **撿拾月份**：
1 2 3 **4 5** 6 7 8 9 **10 11 12**
■ **栽種期間**：春、秋二季。

↓ 果期6～10月，11～3月，果實聚生於花軸端，果實成熟，可收集落果種植。

← 銀葉果實外殼光滑木質化。

→ 腹縫中線有龍骨狀突起，像船隻的設計，可藉海流漂送。

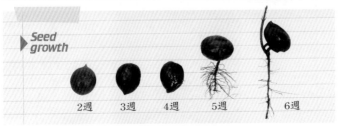
▶ Seed growth
2週　3週　4週　5週　6週

↑ 果實內層為纖維木栓質，突出龍骨下充滿氣室，可使種子芽點保持朝下，種子富含脂質。

栽種難度：

栽 種 步 驟

1 在果實底部戳洞。

2 洗淨果實，泡水催芽時會浮在水面，須每天換水。

3 大約浸泡3週，種殼浸潤呈深色，即可找盆器種植。

4 培養土置入盆器約8分滿，種子芽點朝下種植。每天或隔天噴水1次保持濕潤。

5 早秋種植，種子不必經過越冬春化，大約1個半月即見莖葉生長。

6 種子發芽率不一致，可同時多種幾盆，將長勢接近的移植在一起。

7 大約2個月後，銀白色葉背已清晰可見。

8 大約3個月後，葉片由淺綠慢慢轉至深綠。充足日照佳，土耕、水耕皆宜。

大葉桃花心木

桃花舞春風

■科名：楝科
■學名：*Swietenia macropnylla* King
■英文名：Honduras Mahogany
■別名：桃花心木。
■原產地：中南美洲。

↑ 葉互生，偶數羽狀複葉，小葉5～6對，斜披針形或長橢圓狀披針形，長9～15公分。

↑ 花期3～4月，花小，由多數聚繖花序集合成一大型的圓錐花序。小兔的花花世界／提供。

→ 常綠大喬木，主幹挺拔，樹高可達20公尺以上，小枝具皮孔，葉片翠綠盎然。生長快速，是良好的木材。

植物解說 桃花心木屬的植物全世界僅有5種，產在中南美洲、印度群島，台灣引進大葉桃花心木與小葉桃花心木2種，因為木材呈淡紅褐色如桃花而得名。

喜高溫、耐旱、日照充足，冬季至早春有半落葉現象，一兩天即落光舊葉，隨即萌發新葉，枝葉茂密，是造林、庭園樹、行道樹的優良樹種。

大葉桃花心木是舊高雄縣樹，也是原產地多明尼加的國花，英文中"To be drunk under the Mahogany"是指酒足飯飽賓主盡歡之意，桃花心木儼然成為餐桌的代名詞。木材質地密緻有光澤，可製作桌面、鋼琴、船隻等各種高級木器，也因此遭受大量砍伐。

栽種筆記 北部較少見到大葉桃花心木，它的種子有1片狹長薄翅，果熟開裂，種子乘風旋轉飛揚，不知自己要旅行到何處，有心人撿拾回家如獲至寶，將有趣的大自然素材和孩子分享互動，至於該怎麼種，光靠想像力不如親自試驗。

為了盡快看到發芽成果，得到整齊的發芽率，破殼取出種仁種植成效最快，但往往照顧不周，種子很容易腐爛感染病蟲害，也少了份欣賞種子美感的機會。魚與熊掌不可兼得，兩全其美的方法是，各種一盆，或者事後再將未栽種的種子，插秧在發芽的小苗旁，不失為好方法。

↑ 褐色狹長翅狀種子可利用風力傳播。種皮充滿氣室似的海綿，種子質輕，以利飛行。

■**果實種子**：褐色卵形蒴果，長約20公分，果熟後木質化，內含褐色長翅種子約45～70枚。

■**撿拾地點**：台灣大學、台中市科博館、高雄市都會公園、同盟路、各地公園、校園、行道樹。

■**撿拾月份**：
1 2 3 4 5 6 7 8 9 10 11 12

■**栽種期間**：春、秋二季。

↓ 開花後1年結蒴果，果熟期2～4月，木質化熟果由基部開裂成5瓣，風一刮，翅果便像竹蜻蜓旋轉飄落下來，很有趣。

Seed growth

1天　　2週　　4週

↑ 剝除褐色種皮後的白色種仁，胚軸位於側邊弧形中心點。

栽種難度：

栽種要訣：可將薄翅折斷以利剝除種皮，小心種仁質脆易斷，陽性植物需充足日照，種子為乾儲型，可存放半年以上。

栽種步驟

1 剝除褐色種皮，種子泡水浸潤1天。

2 培養土置入盆器約9分滿，將種子直立種植，間隔宜寬。

3 也可不除去種皮種植，欣賞種子之美。

4 每天或隔天噴水1次，使種子保持充分濕潤即可。

5 大約2週後，可見到種子的根芽漸長。

6 大約3週後，細長的莖葉開展。

7 大約第4週，葉片由淺紅慢慢轉至淺綠。

8 6週後，葉片舒展開來，葉脈明顯，美哉！

臘腸樹

果長情萬里

■科名：紫薇科
■學名：*Kigelia pinnata*
　（Jacq.）DC.
■英文名：Sausage Tree
■別名：蠟腸樹、非洲葵菊
　果、吊燈樹。
■原產地：熱帶非洲。

↑ 單葉對生，一回奇數羽狀
複葉，小葉7～13枚。

↑ 花期夏末秋初，兩性花，
紅褐色鐘型，呈下垂總狀花
序，花大，花序長20～40
公分。

→ 常綠大喬木，樹高可達
20公尺以上，樹幹直，枝
條扭曲，葉痕明顯。

植物解說　臘腸樹原生地在非洲草原，台灣於1922年引進，全省各地零星栽植作行道樹或庭園觀賞，果形碩大一條條垂掛，像洋火腿也像大地瓜，辨識度高；另豆科的阿勃勒因果實細長像洋香腸，也有臘腸樹的別稱，幸好兩者相似度不高，不易混淆。臘腸樹花大呈深紅色，夜間開花，可藉夜行性昆蟲與蝙蝠授粉，烏干達當地則將果實製成啤酒香料。

台北市立動物園非洲動物區可以見到臘腸樹的蹤跡，往年果實大小像馬鈴薯。近年溫室效應氣候變化大，植物生長情況改變，現在台灣北部果實可長達30～50公分，幾乎與原生地一樣。

栽種筆記 初見到樹梢懸掛著一條條碩大的臘腸樹果實，牢牢地抓在枝節端，倒不擔心萬有引力使它落下砸到頭，反而好奇它又硬又大，到底是哪種動物會吃它？更驚嘆經過精心設計的大自然，真是隨處可見學問。

直到目前為止，臘腸樹是我們所遇過處理種子的難度數一數二高的，如果能找到自然腐熟的果實，取種子倒也不難，但時間有限、果實有限，必須盡快種植拍照示範，連催熟水果用的電土都派上用場。結果還是得劈開果實，一排種子被劈成兩半好心疼，但只要見到美美的小綠意生長，辛勞的代價很值得，感謝上帝。

↓ 果期9～11月，一根花軸長達1公尺，可結出多個果實。據說原生地果實重達7～9公斤，果熟期經過樹下要當心落果。

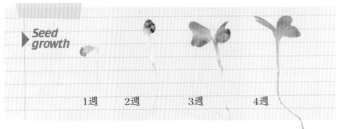

Seed growth

1週　2週　3週　4週

■ **果實種子**：長圓柱狀或葫蘆形，長約30～50公分，果熟呈褐色，內含長約0.8公分水滴狀淺褐色種子數十粒。

■ **撿拾地點**：台北市辛亥路羅斯福路至新生南路段、白河關仔嶺風景區、高雄市前金二街。

■ **撿拾月份**：
1 2 3 4 5 6 7 8 9 10 **11 12**

■ **栽種期間**：春、秋二季。

↑ 果實切面。果皮粗硬，果肉呈纖維狀，種子分散密布其間。

↑ 臘腸樹果實雖大，種子卻比南瓜子小。

栽種難度：

栽種要訣： 自然腐熟的果實較易取得種子，要小心粗硬果皮刮傷手，春季種植發芽快，冬季播種翌春發芽，盆栽需光照充足及溫暖濕潤的環境。

栽種步驟

1 取出種子清洗乾淨，每天換水泡水以利催芽。

2 大約浸泡1週即可種植。培養土置入盆器約8分滿，種子尖端芽點朝下種植。

3 種子上覆蓋麥飯石，其他碎石、彩石亦可。

4 每天或隔天噴水1次，使種子保持充分濕潤。

5 大約種植3週後，可見到種子的莖芽漸長。

6 大約4週後，對稱的心型雙子葉幾乎全面開展。

7 大約第5週，本葉也探出了，真美！

8 1個半月成品。種子盆栽需充足日照。

春不老

青春常在永不老

■科名：紫金牛科
■學名：*Ardisia squamulosa* Presl.
■英文名：Ceylon Ardisia
■別名：山豬肉、萬兩金、蘭嶼紫金牛、東方紫金牛。
■原產地：台灣的蘭嶼、綠島、亞洲南部、海南島。

植物解說　春不老為台灣低海拔原生植物，花果期可同時欣賞到晚熟果及早開花，這是許多植物的共同特性。因南北氣候溫差有別，幾乎大部分植物花期，南部較北部早一個月，有些果樹南部結實纍纍，北部花期才正要結束（例：芒果、麵包樹），甚至有些植物南部結果率高，北部結果率低（例：火焰木、毛柿）。近年來氣候不穩定，花果期也很不一定。

春不老終年常綠，象徵青春不老、多子多福，為相當普遍的庭園植栽及綠籬，根、莖、葉、果實各有不同的藥用療效，空氣淨化力強，很適合都市及工業區綠化用。

↑單葉，互生，葉長卵形或倒披針形，葉柄紅褐色，新葉由紅轉綠。

↑主要花期春至夏，幾乎全年可見開花。繖形花序，近頂生或腋生，花倒吊似小鈴鐺，花淺桃紅色、粉白色。

→　常綠小灌木、小喬木，株高約2～4公尺，常修剪成1公尺高矮籬。

栽種筆記 處理醬果類的種子，手指、衣服常會染上顏色，只要不具毒性，其實大可放心，手作留下的痕跡，並不髒，不會污染我們。

春不老一粒果實內含一粒種子，處理起來算是方便。小小圓圓的種子，粒粒要找出芽點排列，那就太費工了，隨意灑播，均勻鋪滿盆土表面，任其自然生長，其實是我最愛的栽種方式！

讓小朋友一起參與種子盆栽的種植過程，不需要太多知識性的問答，因為參與的本身就是一種學習。小孩有時反而是我們的老師，從孩子的自然反應，我們看到了自我、找回了純真，以及簡單的道理。

↑ 果實具極小的腺點。內含表面有直條紋路的種子。

■ **果實種子**：扁球形漿果，成熟時由紅色轉至紫黑色，直徑約0.6公分，內含約0.3公分紅褐色球型種子1枚。
■ **撿拾地點**：各地公園、校園、行道樹。
■ **撿拾月份**：

南部

| 1 | 2 | 3 | 4 | 5 | 6 | 7 | 8 | 9 | 10 | 11 | 12 |

北部

| 1 | 2 | 3 | 4 | 5 | 6 | 7 | 8 | 9 | 10 | 11 | 12 |

■ **栽種期間**：春季。

↓ 一年2次結果，果實成熟，可蒐集紫黑色熟果及落果種植。

> **Seed growth**

| 6週 | 8週 | 10週 |

↑ 果實種子縱剖面，成熟果實白色芽點清晰可見。

栽種難度：

栽種要訣：紫金牛科植物長勢慢，所以泡水催芽的時間較長。春天種植發芽率與長勢較佳。種子可置冰箱低溫乾藏約半年。

栽種步驟

1 剝除果皮、清洗乾淨。數量若較多可置網袋內揉搓去皮。

2 種子泡水，每天換水以利催芽，10天～2週後取出下沉種子。

3 培養土置入盆器約9分滿，種子均勻灑播於盆土。

4 種子密集鋪平勿重疊。

5 在種子上覆蓋麥飯石，或碎石、彩石皆可。

6 每天或隔天噴水1次，使種子保持充分濕潤即可。

7 春季種下，大約第7週，嫩葉一一由探高的種子開展。

8 大約8週後，綠葉長勢愈來愈整齊。

9 4個月後即長成。盆栽需光性高，水分也要足夠才不易倒伏。

樹杞
淨化空氣好幫手

■科名：紫金牛科
■學名：*Ardisia sieboldii Miq.*
■英文名：Siebold Ardisia
■別名：萬兩金、橡棋。
■原產地：台灣的蘭嶼及綠島、中國大陸浙江、福建、日本南部、琉球。

↑ 單葉，互生，叢生枝端，長橢圓狀或倒披針形，長約10公分，革質。

↑ 春夏開花，白色花小而多，複合聚繖花序或近似繖形花序，腋生。

→ 常綠小喬木，成株高可達10多公尺，樹枝互生，開花的枝條基部膨大。

植物解說 樹杞樹幹基部分枝成叢生狀，無明顯主幹，幼嫩部分有褐色鱗片或毛茸，與春不老同為紫金牛科，同樣細枝節基部膨大，樹杞的葉較春不老的葉大且薄，兩者皆常栽植作為空氣品質淨化樹種。紫金牛科家族尚有小葉樹杞、蘭嶼樹杞等。

樹杞是抗風森林結構的第一層樹冠，可種植成林，也可植栽成矮籬美化庭園，木材可供建築、薪炭用，葉可做殺蟲劑，根可消炎止痛。

竹東舊地名「樹杞林」，光復初期，與豐原、中壢合稱台灣三大鎮，並與東勢、羅東共為台灣三大林業集散地，可見樹杞在當時的重要性。

栽種
筆記　樹杞與春不老的葉形很像，辨識重點在於春不老的新生葉為紅色；樹杞是黃綠色，栽種於圍籬的低矮灌木叢，不易找到樹杞開花結果，單獨種植於公園。生長成枝葉茂盛的喬木，在春季尾聲可見結實纍纍，是撿拾種子的好時機。

樹杞的果實與種子像較大粒的春不老，新鮮的樹杞種殼乳黃色，春不老種殼紅褐色，兩者栽種過程相同。紫金牛科發芽速度較慢，發芽率高，長勢算整齊，很適合種子盆栽。樹杞的向光性、需水性都高，適宜窗台光源充足處，栽種成一長排，還能修剪成小小的灌木林，是淨化室內空氣品質的好幫手。

■果實種子：扁球形漿果，徑約0.5～0.7公分，果熟由紫紅轉為紫黑色，內含約0.3公分米色球型種子1枚。

■撿拾地點：竹東地區大量栽植，台北市芝山公園、北投公園、宜蘭縣蘇澳冷泉公園，各地公園、校園、行道樹。

■撿拾月份：
1 2 **3** **4** 5 6 7 8 9 10 **11** 12

■栽種期間：春季。

↓春季果實成熟，可蒐集紫黑色落果種植。

↑果實較春不老稍大且硬。

↑ 果實種子縱切面。種子小，富含脂質。

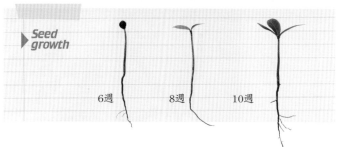

> Seed growth

6週　　8週　　10週

↑ 米色種子與春不老一樣有縱狀條紋。

栽種難度：

栽種要訣：種子數量多可置網袋揉搓。紫金牛科長勢慢，可浸泡1週，置夾鍊袋層積至發芽，春天種植發芽率與長勢較佳，盆栽需光性高，水分供給不夠易倒伏。種子可置冰箱低溫乾藏約半年。

 栽種步驟

1 剝除果實表皮，清洗乾淨。

2 大約浸泡2週，即可找適當盆器種植。

3 培養土置入盆器約9分滿。

4 種子緊密平鋪於盆土上，勿重疊。

5 覆蓋麥飯石等碎石，每日噴水使種子保濕。

6 大約5週後，可見到種子的根芽漸長。

7 大約8週後，新葉一一探出。

8 大約第10週，葉片開展漸整齊。

9 盆栽屬陽性，需光量、需水量皆高。

15

火龍果

16

文珠蘭

17

穗花棋盤腳

18

茄苳

19

芒果

20

雞冠刺桐

21

姑婆芋

22

麵包樹

23

番石榴

24

馬拉巴栗

25

羊蹄甲

26

破布子

27

龍眼

SUMMER
夏種

火龍果

果兒紅似火

■科名：仙人掌科
■學名：*Hylocereus undatus*（白肉品種）
　　　Hylocereus costaricensis（紅肉品種）
■英文名：Pitaya（Dragon fruit）
■別名：紅龍果、龍珠果、墨西哥仙人掌果。
■原產地：巴西、墨西哥、熱帶中美洲。

↑ 針狀葉是仙人掌科的特色。

↑ 春、夏季為花期，白色花在夜晚10點～凌晨1點左右綻放，似曇花一現。

→ 三角柱狀仙人掌科，肉質莖具攀附性，向四面八方延伸。

植物解說 火龍果屬仙人掌科，有別於沙漠植物，原生地為中美洲的熱帶叢林，為一種寄生於樹表的寄生植物，約有10種品種，引進台灣栽培約有20年歷史，過去台灣的火龍果多為越南進口，因為台灣生長環境適宜，加上果農技術純熟，市面上皆可買到本土種植的白肉與紅肉品種火龍果，另有一種黃皮白肉的金龍果，台灣駐瓜地馬拉技術合作，為高經濟作物，目前台灣市面尚無緣見到。

火龍果具備欣賞與食用的優點，含有一般植物少有的植物性白蛋白、水溶性甜菜素等，可以說是高營養價值的優良保健食用植物。

喜愛拈花惹草的朋友，閒來逛逛花市，或許曾見過一方綠草皮，緊密地伏貼在小小的盆器口，吸引人目光留連，商家說是仙人掌，園藝別名：小可愛、小綠鑽，原來正是火龍果。

多數人知道火龍果是水果，少數人知道火龍果原來是仙人掌科的果實，更鮮少有人將細如芝麻粒的種子種植於盆栽。雖然火龍果易於取得，為求果肉與種子澈底分離，可是需要高度的耐性。還好發芽迅速，直到生根長莖葉，總算可以偷懶一些，偶爾數日忘了澆水，也不會罷工停長。如果說仙人掌是懶人朋友的初級班，火龍果種子盆栽可說是進階班。

■**果實種子：**橢圓形漿果，直徑約10多公分，外觀紅色，果肉呈紅色、白色等，果實重約300～600公克，內含細如芝麻的黑色種子數以千粒至萬粒。
■**撿拾地點：**水果攤有售。
■**撿拾月份：**
1 **2** **3** **4** 5 6 **7** **8** **9** **10** **11** **12**
■**栽種期間：**春、夏、秋三季。

↓ 夏季果實盛產，果熟時果皮呈紫紅色，較少見黃色果皮的品種，食用營養價質高。外皮有一片片突出肉質果皮。

↑ 果實縱切面。紅肉、白肉品種皆可種植種子盆栽。

▶ **Seed growth**

1週	1個月	2個月

↑ 種子細如芝麻。

種子盆栽：隨手撿、輕鬆種

栽種難度：

栽種要訣：腐敗的果實仍可洗淨取種子種植，種子與果肉分離過程極需耐心。種子可短期乾藏，不耐久藏。種子發芽即移除保鮮膜，充足日照可使植株緊密伏貼於盆器口，形成草皮效果。

栽種步驟

1 刮下果肉成為泥狀，泡水浸潤軟化果肉。

2 將果肉放進紗布袋內，反覆搓揉、泡水，以去除果肉。

3 大約浸泡1天，即可找盆器種植，否則種子會發芽囉！

4 培養土置入盆器約9分滿，將種子含水均勻且緊密地灑播。

5 保鮮膜可保持濕度並便於觀察，約隔2天噴水1次。

6 火龍果發芽快，大約1週後，子葉即開展。

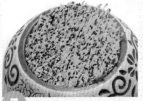

7 大約第2週，葉片由淺綠慢慢轉至深綠。

8 根淺，澆水量不宜多，保持濕潤即可。第4週，已成綠油油的草皮了！

9 在火龍果喜愛的全日照環境下，約半年綠草皮成了一片小仙人掌園。

文珠蘭

蕙質蘭心

■科名：石蒜科
■學名：*Crinum asiaticum* L.
■英文名：Poison bulb
■別名：文殊蘭、允水蕉、白花石蒜、十八學士。
■原產地：台灣濱海沿岸、華南、印度、蘇門答臘、日本、琉球等。

植物解說 文珠蘭與蘭科植物其實並無關連，為石蒜科多年生草本大型花卉，是典型的海漂植物，具有植株矮化、生性強健、耐熱耐旱、抗風耐鹽等特性，成為天然的濱海防風定沙植物。此外，由於屬中性植物，很適合作為庭園綠籬、高級花材。

據說在冰河時期就有它的蹤跡，現今品種超過200多種，花淡雅芳香，有白花、紅花、紫花等品種，台灣本土以白花較為常見。英文名稱為「有毒的鱗莖」，因含石蒜鹼等多種植物鹼，全株以肉質鱗莖毒性最強，據文獻記載地下莖可搗敷蟲蛇咬傷，但仍需慎用，切忌誤食。

↑ 螺旋狀簇生排列的肉質葉，一叢叢恣意開展，宛如寬厚飽滿的綠色花海。

↑ 花期6～9月。20多朵纖形花序聚生於圓柱花莖頂端，彷彿搖曳生姿的舞者。

→ 多年生粗壯草本，成株可高約1公尺，適宜溫暖、濕度高、排水良好的環境。

↑文珠蘭果實縱切面。

栽種筆記 原生於濱海沙岸的文珠蘭，就算在車水馬龍都會區也不難見到它的蹤影，顯見其對環境的適應性極強，這不禁讓我聯想到移民喬遷四海為家的華人，正是具備了相同的特質，方能展現強韌的生命力。

種子較大不需泡水就能發芽，室內採光明亮處，幾乎怎麼栽都能生得水水美美，雖然與蘭花無關，種子盆栽也無法見到開花模樣，修長挺立的肉質葉片，幾乎與國蘭的姿態異曲同工。擺放一盆於辦公桌、居家室內，午茶閒暇之餘，任隨片刻寧靜時光流轉，似乎渲染了些文人雅士氣息，就當是附庸風雅也心曠神怡。

■果實種子：球形蒴果，直徑約3～5公分，熟果呈褐色，開裂內含數粒不規則圓弧種子。
■撿拾地點：各地公園、校園、安全島、濱海沿岸。
■撿拾月份：
1 2 3 4 5 6 **7 8 9 10 11 12**
■栽種期間：春、夏、秋三季。

↓文珠蘭的淺綠色種球，尚未成熟無法種植。

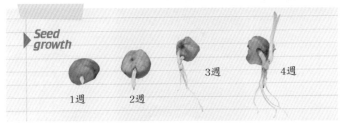

▼**Seed growth**

1週　　2週　　3週　　4週

↑果實成熟會隨萎凋花莖垂落地面，1粒種球內藏數粒大小不一不規則的種子。

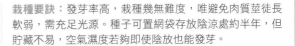

栽種難度：

栽種要訣：發芽率高，栽種幾無難度，唯避免肉質莖徒長軟弱，需充足光源。種子可置網袋存放陰涼處約半年，但貯藏不易，空氣濕度若夠即使陰放也能發芽。

栽種步驟

1 將種子掰開並清洗乾淨，泡水使種皮薄膜軟化，易於清理。

2 挑選大小較一致的種子，將左邊種子凹凸粗糙或稜角面朝下種植。

3 覆蓋麥飯石或其他彩石、魔晶土，不需完全覆蓋種子，可欣賞種子的美感。

4 注滿水，每天或隔天噴水1次，使種子保持充分濕潤。

5 大約種植6週後，可見到種子的根芽漸長，肉質葉向上延伸開展。

6 大約第10週，水水美美的挺有「國蘭」風範吧！

7 日照充足可避免肉質莖葉徒長倒伏，水耕盆栽最好觀賞1年左右移植土耕。

穗花棋盤腳
夏夜綻放的花火

■ 科名：玉蕊科
■ 學名：*Barringtonia racemosa*
■ 英文名：Small-leaved Barringtonia
■ 別名：水茄苳、水貢仔、細葉棋盤腳。
■ 原產地：台灣、熱帶亞洲、非洲、澳大利亞、太平洋島嶼。

植物解說 夜闌人靜時分，夜間生態正熱鬧繽紛地上場演出，陣陣花香撲鼻而來的是穗花棋盤腳，恆春半島稱為「恆春肉粽」，蘭陽平原俗名「水貢仔」。夜晚開花，花朵由枝條葉腋一串一串垂掛成總狀花序，花色有朱紅、粉紅、淡黃、乳白，花期可長達半年，開花1個半月果熟。

果實富含纖維質，可藉由淡水河川溼地漂流繁衍，常見於台灣南北兩端的溝渠、溪岸。常綠，耐鹽分，適合濱海地區作為防風林用，根系強健，耐溼，早年農民栽種為護堤植物，因平原過度開發砍伐，被生態團體列為保育樹種，重新復育栽植。

↑ 新生葉由紅褐色轉綠，單葉互生或叢生於枝條先端。

↑ 花朵綻放時撲來陣陣幽香，吸引夜蛾前來吸食花蜜協助授粉。

→ 常綠喬木，成株高度約10多公尺，典型的淡水沼澤溼地植物。

栽種筆記 有許多植物我們彼此不認識彼此,帶孩子至戶外學習,說是教學相長,受益最多的其實是自己。記不住穗花棋盤腳這個長長的名字,沒關係,欣賞一串串似掛粽子般的果實,也挺有趣。等待種子發芽過程,心急無濟於事,隨意將一堆種子層積在一起,不知不覺中,啥時根莖長出來了?原來植物被設定在適當的條件時機,才會開花結果,原來時時刻刻都該像一個孩子般發問,並且虛心受教,畢竟大自然浩瀚,我們所知有限。期待每一季春暖花開、結實纍纍,期待每一次生命禮讚、成長更迭。

↓ 一條條垂掛的總狀花序傍晚綻放,似夏夜花火。午夜盛開,翌日凋謝。花期為6～9月,花序長20～80公分。果期同時可見開花,8～11月可撿拾落果。

▶ **Seed growth**

2週　　　3週

■ **果實種子**:長橢圓四稜形核果,徑長約3～4公分,熟果紅褐色,果肉具纖維質,內含2～4公分乳白色種子1枚。

■ **撿拾地點**:台灣大學、新北市八里左岸、台中市立文化中心、宜蘭五十二甲溼地、恆春半島東岸牡丹溪口、港口溪溪口。

■ **撿拾月份**:

南部

1 2 3 4 5 6 7 **8 9 10 11 12**

北部

1 2 3 4 5 6 7 8 **9 10 11 12**

■ **栽種期間**:春、夏、秋三季。

←未熟果。

←熟果。

↑ 可蒐集飽滿熟果種植。

↑ 果實種子縱切面,富含纖維質的果肉,保護種子順利漂流。

種子盆栽：隨手撿、輕鬆種

栽種難度：

栽種要訣：蒐集較多種子可採用避光層積法，待發芽再種植，春季種植較秋季成長快。種子可乾藏約半年。

栽種步驟

1 果實泡水浸潤約1週，清洗乾淨，剝除果實表皮。

2 麥飯石或其他碎石、彩石皆可，置入盆器約9分滿。

3 將種子芽點朝下種植，也可平放種植。

4 注滿水，每天或隔天噴水1次，使種子保持充分濕潤。

5 大約3週後，紅色的莖探高。

6 大約第4週，可留意植物的向光性。有的種子會生長2～3枝莖。

7 4個月成品。耐陰性佳，水耕也適宜。

茄苳

重陽千歲

■科名：大戟科
■學名：*Bischofia jabanica*
　Blume.
■英文名：Autummn
　Maple、Red Cedar
■別名：重陽木、秋楓、紅
　桐、烏陽、胡楊。
■原產地：台灣、華南、印
　度、馬來西亞、太平洋群
　島。

↑ 葉為三出複葉，互生，葉
緣有鋸齒，1～2月紅色新
葉長出，老葉掉落，易於辨
識。

↑ 花期2～3月。雌雄異株，
圓錐花序腋生，黃綠色小
花，無花瓣，叢生於細枝末
端。

→ 半落葉喬木，樹皮赤褐
色，樹幹粗糙不平，有瘤狀
突起。樹冠為傘形，遮陰效
果佳，為優良的行道樹。成
株高度約15～20公尺。

植物解說　茄苳是台灣原生樹種，遍布全台低海拔地區，不少地方以茄苳命名，粗糙寬闊的樹幹，樹齡逾千年的老樹，不知歷經了多少景物變遷，稱之為「重陽木」真是名副其實，到了秋天老葉轉紅掉落，又稱之為「秋楓樹」，秋風掃落葉指的正是這般意境。

樹形優美，樹冠寬廣，枝葉茂盛，樹性強健，抗空氣污染，為優良的遮蔭樹、庭院樹及行道樹。木材耐濕性強，木質緻密，可製成水車、桶、樂器、家具、建材。葉子曬乾可泡茶，果實成熟可醃漬及藥用，將新鮮葉片塞入雞腹中烹煮，就成為風味獨特的茄苳蒜頭雞。

↑ 茄苳果實狀似縮小版的水梨。

栽種筆記 記得小時候住家附近有棵老茄苳樹，每當果實成熟的季節，午後時光總是吸引成群白頭翁覓食，雨季一來，老樹下的壤土，冒出一株株小茄苳苗，喜好種植的綠手指，將小樹苗移植至社區週邊公園綠地，或許再過千年有幸能成為「重陽千歲」。台灣有句俚語「無話講茄苳」，可見其與民間生活的貼近。

陽台有株三年生茄苳，猜想是飛鳥造訪的排泄物夾帶了茄苳種子，曾有一度疏於照料，現已重新發枝生長，對於植物強韌的生命力，內心深受感悟。茄苳易栽種，病蟲害少，生長迅速，很適合種子盆栽初學者。

- ■ **果實種子**：球形漿果，長約1公分，果熟由綠轉為褐色，內含長約0.5公分褐色種子 3～5 枚。
- ■ **撿拾地點**：台北市大度路、台中市中港路、高雄市鼓山路、各地公園、行道樹。
- ■ **撿拾月份**：
  1 2 3 4 5 6 7 8 9 **10 11 12**
- ■ **栽種期間**：春、夏、秋三季。

↓ 果熟期8月～10月，狀似一串串褐色葡萄掛於枝葉間，是鳥類的最愛之一。可蒐集落果種植。

↑果實縱切面。

▶ **Seed growth**　　3週　　　4週　　　5週

↑ 種子外覆蓋層透明半裏的硬質種殼保護種子。

栽種難度：

栽種要訣：種子去殼比不去殼發芽大約快1週以上，長勢也較整齊。種子耐低溫乾藏，可置冰箱半年以上，至秋播期間再種植。

栽種步驟

1 剝除果肉洗乾淨。可先將果實泡水軟化，再置入細網袋搓揉、沖洗。

2 種子外有一層半裹著像指甲的透明硬殼，可輕滾桿麵棍，使種殼脫離。

3 泡水1週，每天更換乾淨的水以利催芽。撈棄漂浮種殼。

4 培養土置入盆器約9分滿，將種子灑播於盆土。

5 調整種子勿重疊，使種子分布均勻。

6 在種子上覆蓋麥飯石或其他碎石、彩石。

7 每天或隔天噴水1次，使種子保持充分濕潤即可。

8 大約3週後，子葉開展。小小的種子功成身退，被子葉撐開掉落。

9 約第6週本葉探出。喜高溫多濕、光線充足，苗高約5公分時可移植疏苗。

芒果
上帝賜予的美果

■科名：漆樹科
■學名：*Mangifera indica* L.
■英文名：Mango
■別名：檬果、檨仔。
■原產地：印度、馬來西亞、緬甸。

植物解說

明代李時珍稱芒果為「果中極品」，台灣的芒果大約是400年前由荷蘭人引進栽種，原名為南印度泰米爾語，印度視為國果，也是產量最多的國家，每年夏天，首都新德里會舉行芒果節，展出的芒果大約有400多種品種。

芒果性喜高溫多濕的氣候，台灣芒果品種以產期區分，早熟品種：柴檨（土芒果）、愛文、海頓；中熟品種：金煌、玉文（紅金煌）、台農1號；晚熟品種：聖心、凱特等。在樹上成熟後採收的果實，俗稱「在欉黃」，品質最好。採收後放置兩三天，使澱粉質完全轉化成果糖，果肉更加香醇。

↑ 螺葉長橢圓形、披針形或長披針形，厚紙質，全緣或波狀緣，揉搓有芒果香。

↑ 花期1～4月，圓錐花序，兩性花，小花多數，黃褐色，頂生或生長於枝條先端葉腋。

→ 多年生常綠大喬木，樹高可達20公尺，樹冠呈球形，枝葉具白色乳汁。葉互生，叢生於小枝條先端，新生葉紫紅褐色。

剪開芒果種子取出種仁，發覺種子受到層層保護，種仁與種子彼此有條臍帶相連，種仁的樣貌極似動物胚胎初期，種子與孕育生命的子宮異曲同工，對此除了讚歎還是讚歎，大自然為何要衍生如此多樣貌，值得思量。

很感謝六姊一整年供應各種當季水果，原本設想種一大盆芒果盆栽，泡水過久來不及處理，許多種子發臭壞死，種植後有些種子發霉，有些生長過快過高，發芽率不一致，計劃趕不上變化，想來室內的種子盆栽數量超過負荷。

長黑點的過熟芒果，通常種子也發芽了，清洗乾淨就 可以直接種植。

↓芒果品種多，成熟期因品種而異，每年5～10月均可吃到芒果。

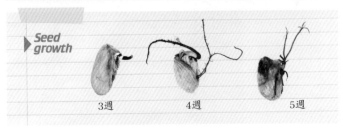

Seed growth

3週　　4週　　5週

■果實種子：腎形核果，果長依品種不同差異甚大，果熟有綠、黃、紅等顏色，內含米色扁腎形種子1枚。

■撿拾地點：台北市和平東路、台南縣市、屏東縣市、高雄縣市、水果行。

■撿拾月份：

1 2 3 4 5 6 7 8 9 10 11 12

■栽種期間：夏、秋二季。

↑ 不同品種，果實大小顏色不同，金煌果大，果肉多汁富彈性，有的重達2.5公斤。

↑ 種殼富含纖維質，種殼內有層透明紙質防水膜，種仁有1條臍帶連接種殼。

栽種難度：

栽種要訣：早熟型土芒果長勢外觀較佳；晚熟型如凱特，葉子徒長不夠美觀。過熟的芒果可短暫冷藏，去殼的種子泡水發芽較快。可適度修剪生長過長的莖枝。種子為異儲即播型，不耐乾燥。

栽種步驟

1 將種子外的果肉清理乾淨，避免發霉與招蟲蠅。

2 種子泡水一週，每天換乾淨的水，開裂發芽即可種植。

3 也可直接將未開裂種殼的側邊發芽位置小心剪開，加速發芽。

4 取出種仁檢查，發育不良、軟爛發黑、有腐霉味都淘汰。

5 剝除種皮薄膜，芽點清晰可見。

6 培養土置入盆器8分滿，種子芽點朝下埋入土中並覆蓋麥飯石等碎石。

7 每天或隔天噴水1次，使種子充分保濕。

8 大約1週後，可見到種子轉綠，莖葉漸長。

9 芒果生長速度快，種植1個月即是成品，空種殼可插入土中裝飾。耐陰性佳，土耕、水耕皆宜。

雞冠刺桐

但願刺桐花常開

■科名：豆科／蝶型花科
■學名：*Erythrina
crista-galli* Linn
■英文名：Cockspur
Coralbean
■別名：海紅豆、雞公樹、
冠刺桐、象牙紅。
■原產地：南美洲巴西。

↑ 葉為三出複葉，散生或無
針刺，小葉卵形或長橢圓
形，小葉基部有一對腺體，
紙質。

↑ 花期4～10月，總狀花
序，花多數，朱紅色像雞
冠，花序頂生於有葉的枝條
上。

→ 落葉小喬木，高約3～10
公尺，具有多數分枝，小枝
具針刺，老熟後脫落，樹皮
有不規則深裂痕。

植物解說　雞冠刺桐是阿根廷和烏拉圭的國花，屬名源自希臘文"erythros"，為紅色之意，夏季鮮紅色的總狀花序相當搶眼。大約在1930年後引進台灣，廣泛栽植於全台，直根系，固氮作用形成根瘤，樹性強健、生長旺盛，為海岸防風優良樹種，樹皮可供藥用。

目前台灣常見的刺桐種類另有：刺桐、黃脈刺桐、珊瑚刺桐、毛刺桐、馬提羅亞刺桐、火炬刺桐、蝙蝠刺桐等。2003年刺桐釉小蜂入侵，快速蔓延，全台刺桐樹幾乎遭感染，亞熱帶地區刺桐屬植物已被廣泛侵害，許多老樹因葉面布滿蟲癭而枯死，至今仍在搶救防治。

栽種筆記 原本對有毒、長刺的植物總是敬而遠之，自從種了種子盆栽，就不那麼畏懼。多年前得知各地老刺桐樹遭到釉小蜂侵害，無法開花結果，甚至枯死，保護屏障的刺也起不了作用，對於刺桐屬的植物，不免心生盡一點棉薄之力而種植。偏好多刺植物的朋友，除了仙人掌科、多刺玫瑰，不妨試試刺桐種類的植物。

雞冠刺桐與水黃皮同為蝶形花科植物，都是子葉留土，幼苗纖細柔軟，雞冠刺桐屬陽性木本植物，日照不足徒長顯著，很像攀緣草本植物，宜種植窗台、陽台等位置，適宜欣賞種子森林，待日後植株健壯再移盆獨株種植。

↓ 果期5～11月，木質莢果，成熟後會開裂，亦可蒐集種莢，待自然開裂種植。

↑ 種子受種莢保護，果熟開裂一分為二。

■**果實種子**：莢果，長約10多公分，果熟深褐色，內含長1公分深褐色種子2～6枚。

■**撿拾地點**：台北市內湖路一段、台中市中正公園、高雄市凹仔底森林公園、各地公園、校園、行道樹。

■**撿拾月份**：
1 2 3 4 5 **6 7 8 9 10 11 12**

■**栽種期間**：夏、秋二季。

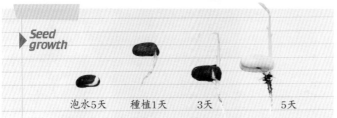

▶ *Seed growth*

泡水5天　種植1天　3天　5天

↑ 木本的豆科種子與草本豆子相似，豆臍明顯。

栽種難度：

栽種要訣：種子泡水浮起為正常現象，種皮膨脹開裂可剝除種皮種植，雞冠刺桐屬陽性植物需充足日照，否則易徒長。種子可乾藏。

1 挑選飽滿的種子洗淨泡水，種子會浮在水面，每天換水以利催芽。

2 大約浸泡3天～1週，有的種子會膨脹約一倍，有的不見動靜，種皮開裂的芽點清晰可見。

3 挑選窄口深盆器種植，可使植株集中。

4 培養土置入盆器約8分滿，將種子芽點朝下種植。（示範未去種皮）

5 在種子上覆蓋麥飯石或碎石、彩石皆可。

6 大約2天澆水1次即可。

7 大約1週，淺綠色葉片探出，長莖葉後需日照充足。

8 大約2週，新葉又多了些，生長快速。25天後，三出複葉明顯，纖細柔軟氣質美，莖日後會長出軟刺。

姑婆芋
心型大綠傘

■科名：天南星科
■學名：*Alocasia macrorrhiza* (L.) Schott & Endl.
■英文名：Giant Elephant's Ear
■別名：山芋頭、天荷、木芋頭、野芋頭、觀音蓮、海芋、細葉姑婆芋。
■原產地：台灣、東南亞、南洋群島、澳洲。

↑ 葉片廣卵狀心形或半盾狀，長可至100公分，葉柄長，葉鞘基部可積水。葉面濃綠富光澤。

↑ 花期春季。佛焰苞肉質花序，雄花上部，雌花下部，中央為中性花，花白色。

→ 多年生直立性草本，高可至1公尺，莖肉質粗壯呈圓柱形。

植物解說 姑婆芋分布於全台2000公尺以下中低海拔山區林下、河邊、陰濕野地，葉型與芋頭極相似，全株及汁液皆含毒性，以根莖毒性較大。被有毒植物「咬人狗」和「咬人貓」不慎「咬」到的話，附近應該不難找到姑婆芋，這時可切斷姑婆芋的肉質莖塗抹液體，它所含的生物鹼亦毒亦藥，正是剋制「咬人狗」和「咬人貓」酸性毒的良藥。

農業社會時姑婆芋偌大的葉片，可包覆販賣的生魚、生肉、豆腐等，或臨時遮陽遮雨用。全草搗碎，可治療蟲蛇咬傷、皮膚腫毒等外傷清熱解毒，目前則多作為美化庭園造景的大型草本觀葉植物。

栽種筆記 我從小居住在郊區，下雨時偶爾會折下一朵心型大葉遮雨，看著晶瑩剔透的水珠在葉面上滾來滾去，最後集中在葉中凹槽，從水面張力看著自己的倒影，幼小的心靈覺得有趣又美麗。

姑婆芋紅色鮮豔的果實，可提醒人避免誤食，介紹一個分辨姑婆芋和芋頭的方法：姑婆芋葉面光亮，芋頭具有細絨毛，將水灑在葉片上，擴散成一灘水的是姑婆芋，水滴聚成顆粒狀則是芋頭。

喜歡姑婆芋大剌剌的姿態，很有叢林的feel，戴上手套處理紅色果肉，把庭院的種子移駕至盆栽種植，與植物共處一段美好時光後，可再移至庭園野放。

↓夏季果實成熟，鮮紅欲滴，果實亦毒亦藥，莖與種子皆可繁殖。

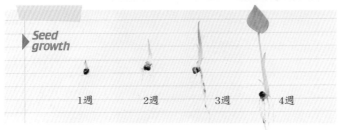

■**果實種子**：漿果球形，徑約0.5公分，果實紅色，內含約0.2公分米色種子2～3粒。
■**撿拾地點**：各地林間野地、社區庭園。
■**撿拾月份**：
1 2 3 4 5 6 **7 8 9** 10 11 12
■**栽種期間**：夏、秋二季。

↑紅色漿果內含水滴球型種子。

↑果實成熟，花苞子房會由上而下開裂，子房內含紅色漿果數十粒。

栽種難度：

栽種要訣：處理果實種子記得戴上手套，初期種植適宜陰涼明亮處，植株過於密集可疏苗，日照充足可避免肉質莖徒長，種子泡水久易腐爛，新鮮時宜即播種。

栽種步驟

1 將果實放在夾鍊袋內，利用擠壓剝除果皮，清洗乾淨。

2 種子泡水浸潤，每天換水浸泡約1週。

3 培養土置入盆器約9分滿，可先將盆土噴濕，以利種子附著。

4 種子灑播盆土，以鑷子的柄端鋪平。

5 種子上可覆一層薄薄的培養土。

6 覆蓋麥飯石或其他碎石、彩石皆可，每天適量噴水。

7 大約第2週，尖尖像小嫩筍的肉質莖葉探出。

8 大約3週半，嫩綠葉片開展成小小的長心型。

9 耐陰耐濕性佳，窗台日照可使葉片較濃綠寬大。土耕、水耕皆宜。

麵包樹

樹大　便是美

■科名：桑科
■學名：*Artocarpus incisus*
　(Thunb.) L. f.
■英文名：Bread-fruit Tree
■別名：羅蜜樹、麵包果、
　馬檳榔、vacilol（阿美族
　語）、cipoho（達悟族
　語）。
■原產地：波里尼亞、馬來
　西亞、大溪地。

植物解說　麵包樹在清代由南洋引進台灣，各地普遍栽培，目前主要分布於東部地區及蘭嶼，達悟族語”cipoho”為木材黃色之意，是良好的行道樹、庭園遮蔭樹、防塵樹。麵包樹與菠蘿蜜果型相似，果實皆碩大，一顆就能造福許多昆蟲動物飽食。

一株麵包樹一年可結果實約200顆，果大產量也大，原產地的部落族人以此為主食，據說整個果實經過烘烤或炸熟後，有麵包香味，故稱麵包樹。果肉可切塊煮食，種子可做各種料理，味如花生。

藥用部分為果實、莖、枝、根。木材輕軟且耐用，具有抗白蟻和海蟲的特性，可供建築用，海島居民用於製作獨木舟。

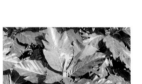

↑ 葉互生，革質，闊卵圓形，羽狀深裂或全緣，中肋側脈明顯，葉裡脈有毛，托葉大三角形、有毛早落。

↑ 花期4～6月，蘭嶼3～4月，雌雄同株，雄蕊極小，穗狀花序，密集而成棍棒狀，雌花花被筒形或球形。

→ 樹冠傘狀，株高可達10～15公尺，全株含有乳汁。

從小每年親戚從花東寄來"vacilol"，看著母
親削掉有白色乳汁的果皮，果肉與種子加一點小
魚乾或排骨煮湯，風味口感很清爽，雖然吃不出麵包香味，
卻有著滿滿的親情溫暖。

此次出書，有幾項植物無論如何堅持要放入書中，麵包樹就是
其中之一，專程至市場買大約8分熟的麵包果拍攝種植。麵包果
不耐存放，果實熟軟後，種子很容易取出，否則處理果皮黏黏
的乳膠挺麻煩。著名的《小王子》故事中提到的猴麵包樹，指
的是木棉科的猢猻木，是地球目前最粗大的樹木，與麵包樹是
完全不同的樹種，有機會很想試種看看。

↑ 果實肥大肉質，果肉可煮
食。1粒果實約有30～80粒
種子。

↓ 7月下旬～8月果熟，蘭嶼6～7月果熟，可蒐集落果種子種植。

■ **果實種子**：球型複合果，
徑長約10多公分，果熟
呈金黃色，內含長約1公
分水滴型種子數十粒。
■ **撿拾地點**：台北市北投公
園及美倫公園、台中市科
博館、高雄市衛武營都會
公園、宜蘭花東各地普遍
種植、傳統市場有售。
■ **撿拾月份**：
1 2 3 4 5 6 **7** **8** **9** 10 11 12
■ **栽種期間**：夏、秋二季。

**Seed
growth**

1週　　　2週　　　3週

↑ 果實縱切面。果熟時果皮
開裂，露出橘紅色假種皮，
種子包覆於橘紅色假種皮
內。

栽種難度： ● ● ●

栽種要訣：種子發芽容易，大約種植1週即發芽。不耐濕，無孔盆器種植需留意水分。種子為異儲型，不耐乾燥低溫儲藏，宜新鮮即播。

栽種步驟

1 洗淨種子、泡水浸潤，每天換水大約3天以利催芽。

2 培養土置入盆器約8分滿，種子芽點朝下種植，間距宜寬。

3 覆蓋麥飯石或其他碎石、彩石。

4 每天或隔天噴水1次，保持充分濕潤即可，切勿積水。

5 大約種植3週，莖葉已伸展，新生葉下有小小的三角形托葉。

6 大約5週，本葉開展。

7 大約第6週，莖葉又長高長大了些。

8 2個月成品，宜光線充足，適合放置陽台邊。

番石榴

子孫滿堂

■科名：桃金孃科
■學名：*Psidum guajava* Linn.
■英文名：Guava
■別名：芭樂、雞矢果、秋果、那拔、番桃、扒仔。
■原產地：熱帶美洲。

植物解說 番石榴分布於全世界熱帶及亞熱帶地區，因似石榴多子，且為國外引進而命名。據悉台灣於1694年就有栽培記錄，1915～1918年自夏威夷引入優良品種，1929～1937年間栽培最盛，台灣光復後又經改良引進選種，成為台灣重要經濟果樹，品種有珍珠拔、廿世紀拔、水晶拔、泰國拔、宜蘭白拔、無籽拔、紅肉拔等，中山月拔、梨仔拔適合加工。

藥用部份乾果及葉可止瀉痢、治糖尿，果皮多食易便秘，對糖尿病亦有療效，鮮葉搗敷可治外傷等。

栽培可用播種、嫁接、扦插、壓條法，但播種的樹苗僅作砧木，日後再嫁接優良品種，產季調節四季皆有結果。

↑ 葉對生，長橢圓形或卵形，革質，表面光澤綠色，背面顏色較淡，散生細柔毛。

↑ 花期3～5月。花單生或呈聚繖花序排列，花白色，略具香味，花絲細長，線形。

→ 常綠小喬木，高約2～10公尺，樹幹多彎曲，樹皮褐色，易脫落呈光滑狀。

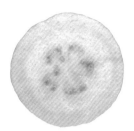

↑果實橫切面，種子排列可見似5瓣花朵形狀。

栽種筆記 芭樂種子盆栽發芽率很高，分離種子與果肉的過程像火龍果，需要耐心地泡水搓揉，播種後需保濕加充足光照，5週即能成長似一片小草皮，8週就能進展成為小森林，此階段需光性高，幼苗易倒伏，最要留心照料。

因為面臨果蠅蟲害，必須移植、換土、驅蟲、重種。一時疏忽未經疏苗的結果，一段時間後竟又自然萎凋、稀稀疏疏，一試再試都不成。好不容易小幼苗生長到令人滿意的高度，此時終於可以辨識芭樂的葉型了，感謝上帝藉此機會，讓我們學會謙卑、恆忍終會見到好結果。

↑（右）縱切面種子排列似心形。

■果實種子：漿果梨形，徑長約10多公分，熟果呈黃綠色，內含0.1公分米色種子數十粒。
■撿拾地點：水果攤販售。
■撿拾月份：
1 2 3 4 5 6 7 8 9 10 11 12
■栽種期間：春、夏、秋三季。

↓依品種夏季約50～90日果熟，冬季約100～115日果熟。

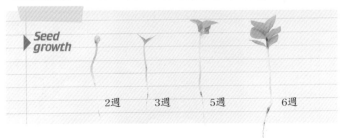

Seed growth

2週　　3週　　5週　　6週

↑種子堅硬細小，需光性高，可由鳥類等動物經由糞便繁衍。

種子盆栽：隨手撿、輕鬆種

栽種難度：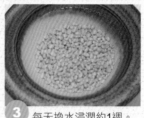

栽種要訣：挑選熟軟的果實易取種子，種子若仍附著果肉，可泡水使果肉軟化。種子發芽即移除保鮮膜，需充足日照；根莖纖細，不耐移植；適度疏苗小草皮可長成小森林。種子可置夾鍊袋短期乾藏。

栽種步驟

1 用湯匙將種子刮離果肉。

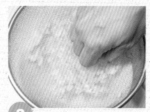

2 以篩網反覆揉洗至果肉清除乾淨。

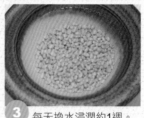

3 每天換水浸潤約1週。

4 培養土置入盆器約9分滿，種子平鋪均勻種植。

5 2天噴水1次。

6 在種子上覆蓋保鮮膜，可保濕、透光，以利發芽。

7 大約種植1週後，可見到細小的莖將種子頂高。要留意果蠅產卵。

8 大約第5週，小草皮形成了，想像徜徉在草皮上多愜意。需日照充足，可適應室內明亮光源。

9 種植半年，適度疏苗，形成高低錯落的小森林。

馬拉巴栗

編織發財夢

- ■科名：木棉科
- ■學名：*Pachira macrocarpa* Cham. & Schl. Schl.
- ■英文名：Malabar-chestnut
- ■別名：大果木棉、美國花生、美國土豆、南洋土豆、發財樹。
- ■原產地：中美洲墨西哥、哥斯大黎加、南美洲委內瑞拉、圭亞那。

↑ 掌狀複葉，互生具長柄，小葉 5～7 枚，紙質，迎風搖曳像似在招手。

↑ 花期1～3月，7～9月，花腋生，黃綠色花瓣五枚，雄蕊花絲白色甚長，淡吐清香。

→ 常綠喬木，樹高可達 15 公尺，樹皮為綠色或綠褐色，枝條多為輪生，水平伸展。

植物解說　馬拉巴栗於1931年引進台灣栽培，大約在1986年有一對貨櫃車司機夫妻，將馬拉巴栗幼苗互相編紮成辮子狀，命名為「發財樹」販售，從此帶來市場熱潮，並成為日本與東南亞最普遍的園藝觀賞植栽之一，替台灣增加不少外匯。終年常綠，易於植栽管理，耐旱、耐陰、室內室外皆宜，可塑形成各種盆景造型。台灣普遍栽培，多作為園景樹及室內栽培，是餽贈送禮、開幕誌慶最常見的木本盆栽植物，木材可供作木漿及紙漿原料，根可作造紙膠料或漿糊，種子可食，名為「美國花生」，但口感沒有花生緊實美味，樹皮與根可藥用。

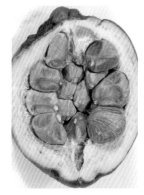

栽種筆記 有許多人自認為是植物殺手，其實是沒種到「麻吉」的植物，也有不少朋友覺得種子盆栽難度太高。如果你經常忘了澆水、不挑款，馬拉巴栗倒是不錯的選擇，隨便怎麼種，長得又快又好。

三歲小兒很喜歡參與大人的事情，但多是3分鐘熱度，偶爾讓小兒幫忙播種、澆水，外拍植物生態時也一起帶出去。那天去逛社子花卉廣場，小兒說認識馬拉巴栗、穗花棋盤腳等植物，店員便隨機抽考，問他馬拉巴栗在哪裡？沒想到他很快就認出來。沒刻意教小兒植物辨識，但孩子的吸收學習力，就和馬拉巴栗的成長一樣驚人。

↓ 1年結果2次，果實大小如芭樂，木質化蒴果，內含少許棉絮，據説種子是赤腹松鼠最愛。

↑ 果實有明顯5條縱紋，果熟落地果殼會開裂成五瓣。

■ **果實種子**：蒴果長橢圓形，長約7～10公分，熟果呈木褐色，內含長約1.5公分米白色腎形種子10～20粒。

■ **撿拾地點**：各地公園、校園、行道樹。

■ **撿拾月份**：
`1` `2` `3` `4` `5` `6` `7` `8` `9` `10` `11` `12`

■ **栽種期間**：春、夏、秋三季。

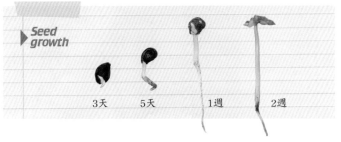

▶ Seed growth

3天　　5天　　1週　　2週

↑ 果實切面。每一粒種子，都有機會生長成數個小苗個體，種子外種皮有白色條紋狀似斑馬。

種子盆栽：隨手撿、輕鬆種

栽種難度：

栽種要訣：新鮮種子發芽率高，初期澆水宜少不宜多，否則易腐爛，種子為多胚體，剝除種殼內的小胚芽，可另外栽種。種子為即播型，落果1個半月後發芽率漸失。

栽 種 步 驟

1 將種子外表的棉絮清洗乾淨。

2 泡水浸潤，1～2天見到開裂發芽，即可找盆器種植。

3 培養土置入盆器約8分滿，種子芽點朝下種植。

4 在種子上覆蓋麥飯石，或碎石、彩石。

5 每天或隔天噴水1次，使種子保持充分濕潤。

6 大約5天，即可見到種子的根芽漸長。

7 大約10天後，子葉一一脫離種殼。

8 大約第2週，多胚體的種子，高低錯落。

9 3週時掌狀本葉開展，形成多層次美感。需水量少，偶爾忘了澆水也能頭好壯壯。

羊蹄甲

小羊兒　喜洋洋

■科名：豆科
■學名：*Bauhinia variegate*
■英文名：Orchid Tree,
Mountain Ebony
■別名：馬蹄豆、蘭花木、
南洋櫻花、印度櫻花、香
港櫻花。
■原產地：中國大陸、印
度、馬來半島。

↑ 單葉互生，腎形或蹄形，
長約15公分，先端深凹
裂、鈍而圓，革質，黃昏入
夜葉片會闔上睡覺很特殊。

↑ 花期2～4月，總狀花序，
花腋生，花瓣桃紅或粉紅，
盛開時花多葉少。

→ 落葉小喬木，株高4～6
公尺，花朵盛開期間，滿樹
繽紛桃紅一片。

植物解說 羊蹄甲為落葉小喬木或大灌木，大約19世紀末引進台灣種植，樹性強健，適宜排水良好、陽光充足的環境，為行道樹及庭園常見的觀賞花木，因葉片先端分叉開裂似羊蹄而命名，與洋紫荊、豔紫荊經常被搞混，可從葉、花來簡易辨識，羊蹄甲葉先端鈍而圓，春天開花，盛開時幾乎不見綠葉。根部可藥用。

羊蹄甲與洋紫荊全台普遍種植，洋紫荊以中、南部種植較多，另有「南部杜鵑花」之稱。豔紫荊大約在1967年從香港引進台灣種植，花朵豔麗碩大又稱「香港蘭花樹」。三種花形遠看似櫻花，近看似嘉德麗亞蘭，英名統稱蘭花木。

栽種
筆記　小時候不知道羊蹄甲的名號，看著一片片似
綠色蝴蝶的葉片，總是稱之為蝴蝶樹，畢竟羊蹄
離我們生活較遙遠。日後喜愛種子盆栽，才恍然大悟，原來
住家附近鄰居種在路旁，那株只開花不結果的老樹是──豔紫
荊，也就是羊蹄甲與洋紫荊的扦插、嫁接或自然雜交而成的品
種。透過種植種子盆栽，輕易就開啟了植物與生活的連結。
羊蹄甲與洋紫荊的種植與生長過程相同，外觀也難以分辨。羊
蹄甲前葉較圓，洋紫荊前葉稍尖。一串串小小的羊蹄葉，一到
黃昏入夜，全都整齊地闔上乖乖睡覺，提醒著我們該是休息時
分了。

↑ 成熟的種莢，經過日曬會
自然扭曲開裂，種子可藉彈
力傳播出去。

■ **果實種子**：果莢扁平硬革
　質，果熟由深綠色轉變為
　黑褐色，內有長約1公分
　扁圓形深褐色種子約5～
　15枚。
■ **撿拾地點**：新北市中正橋
　河堤公園，泰安休息站，
　高雄九如路，各地公園、
　校園、行道樹。
■ **撿拾月份**：
　1 2 3 **4 5** 6 7 8 9 10 11 12
■ **栽種期間**：春、夏二季。

↓ 種莢扁平，長短不一。果實成熟會在樹上扭曲開裂落下，可蒐集果莢
與散落的種子種植。

▶ **Seed growth**

1天　　　　3天　　　　5天

↑ 種子平滑像一粒粒圍棋。

栽種難度：

栽種要訣：泡水1日浮起的種子請淘汰，種子可淺埋於盆土，欣賞子葉美感，長莖葉後，水分需求高，移至全日照環境，長勢較佳。種子可短期乾藏。

栽種步驟

1 洗淨種子，泡水1天後，淘汰浮起的種子。

2 瀝乾種子，置入夾鍊袋層積約2～3天，即見種子膨脹生根芽。

3 挑選根芽長度較一致的朝下種植。

4 每天或隔天噴水1次，使種子保持充分濕潤即可。

5 大約種植1週後，子葉開展，可輕摘除種皮。

6 大約2週後，嫩黃莖整齊探出伸展。

7 大約第3週，葉片由淺黃轉至淺綠。

8 長莖葉後移至全日照環境長勢較佳。入夜可觀賞葉片闔上的趣味。

9 短短1個月，就長得又快又美！大小朋友一起來種吧！

破布子

料理美味配角

■科名：紫草科
■學名：*Cordia dichotoma G. Forst*
■英文名：Bird Lime Tree
■別名：樹仔、破布木、破子、樹子仔、破果子。
■原產地：台灣、廣東、福建、海南島、琉球、菲律賓、印度、馬來西亞、澳洲。

↑ 單葉互生，葉片卵形、卵圓形至卵心形，紙質，全緣或略呈波狀緣，表面略粗糙常有鱗痂，背面沿主脈有毛茸。

↑ 2～3月開花，腋生雙叉聚繖花序，花多小數，黃白色或淡紫色，花序花柄有毛茸。莊溪老師／提供。

→ 落葉中喬木，高可達15公尺，樹皮灰白色，老莖有明顯裂痕，新生枝幹有明顯的白點。

植物解說 據說破布子老葉的鱗痂狀似破布而得名，樹性適應強，耐旱耐瘠，台灣栽培以南部較多，花蓮、台東栽培面積也迅速增加，其他各地亦有零星栽培。破布子依花的顏色分紫花種及黃花種，全株幼嫩部分，有褐色絨毛，新芽長出後約20天，小花綻放，隨即結果，中果皮富黏性，昔日農村社會調皮的孩童會拿去黏蟬玩樂。

常聽到「甘味樹仔」即為破布子，南部人常煮熟醃漬，以小碗作為模型製成丸餅，或蒸魚、搗碎炒蛋等佐菜料理。樹皮、根、果實各有不同藥用效果。可製作植物染用綠褐色染料。

第一次吃破布子蒸魚料理時，一口咬下破布子，沒想到柔軟小果實裡藏著堅硬的種子，雖然略嫌麻煩，吸吮破布子果實的滋味，同時感受著鄉下阿嬤淳樸勤儉的生活態度。

銘傳大學生物科技系在破布子中發現新的乳酸菌種，命名為"pobuzihi"，或許能讓破布子開闢新的食用價值。

處理破布子較麻煩在於中果皮豐富的黏液，可先陰乾果實後再取子，或者將種子浸泡水中，以濾網反復搓揉剝除果肉。

種子的子葉與母葉外型大不同，皺摺波浪的子葉，狀似寬葉福祿桐，種成小盆栽欣賞，討喜且倍感親切。

↓ 果期4～8月，可採集果實醃漬，搭配各式中式料理，烹煮吃食需吐出種子。

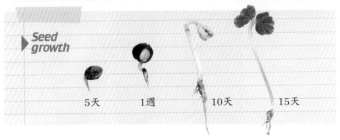
Seed growth

5天　　1週　　10天　　15天

■ **果實種子**：球形核果，徑長約1公分，熟果粉紅色，內含約0.5公分黃褐色種子1枚。

■ **撿拾地點**：全台普遍栽培，傳統市場販售。

■ **撿拾月份**：
1 2 3 4 **5 6 7 8** 9 **10 11 12**

■ **栽種期間**：夏、秋二季。

↑ 破布子果實。

↑ 外果皮薄，中果皮多汁透明，含乳白色粘液。

↑ 內果皮堅硬有皺紋。種子比梅子小，種殼堅硬似梅子。

栽種難度：

栽種要訣：處理果肉技巧可參考栽種筆記。種植條件排水及日照須良好。種子可低溫乾藏約半年，超過9個月發芽率迅速下降。

 栽 種 步 驟

1 剝除果皮，洗淨種子，泡水浸潤約1週，每天換水。

2 將種子尖端芽點朝下種植，看不出芽點可平放。

3 培養土置入盆器約9分滿，種子間隔宜寬。

4 在種子上覆蓋麥飯石或其他碎石、彩石。

5 每天或隔天噴水1次，使種子保持充分濕潤即可。

6 大約種植15日，小小的扇型子葉對稱開展。

7 破布子為子葉出土發芽，生長速度快且整齊。

8 大約5週後，互生本葉探出。

9 可適應室內充足光線。

龍眼

花開富貴

■科名：無患子科
■學名：*Euphoria longana Lam.*
■英文名：Longan
■別名：桂圓、福圓、牛眼、圓眼、羊眼果樹、亞荔枝。
■原產地：華南地區、亞熱帶地區。

↑ 葉互生，偶數羽狀複葉，小葉2～6對，長橢圓形或長橢圓狀披針形，革質。

↑ 3～4月開乳白色小花，圓錐花序頂生或腋生，花單性與兩性。

→ 常綠中喬木，高約5～10公尺。炎炎夏日，大樹綠蔭，是節能減碳最佳代表。

植物解說　龍眼命名由來已久，因為珍貴而又有「福圓」、「桂圓」的別稱，據記載西漢時期為貢品，大約清康熙年間引進台灣栽培。台灣中南部夏秋多雨、冬春乾燥，低海拔山地龍眼果園種植成林，花盛開時，香氣遠播，蜜蜂採蜜授粉，也是蜂農豐收季節。夏季結實纍纍，晚熟品種10月可採收。台灣民間有一傳說：「龍眼多，風颱多」。

龍眼的產季緊隨著同為無患子科的荔枝產季，兩種水果常被相提並論：都是荔枝細蛾的最愛，必須於收成前一段時間定期施藥才能降低病蟲害。龍眼蜜與龍眼肉可加工製成各種食品與民生用品。

栽種筆記 台灣真是水果寶島，農改用心經營，水果種類繁多，龍眼栽培種就有20餘種。龍眼和荔枝都屬燥熱水果，體質容易上火的人，最好放冰箱冰鎮過再吃；天冷時則來杯熱呼呼的桂圓紅棗茶，既暖胃又養生。為了要種大盆龍眼種子盆栽，邀請親友鄰居努力吃，再情商大家留下種子。龍眼與荔枝種子盆栽很相似，只是龍眼植株與葉型較小、革質葉稍硬，滿滿一盆種子小森林，粉紅、淡黃、黃綠、綠，葉色繽紛富層次感，即使不講求排列整齊的美感，在萬綠叢中的盆栽裡也很搶眼。感謝大自然的創造者，讓一切盡顯得如此美好。

↑ 龍眼果實切面。食用部分是假種皮，白色透明，肉質多汁甜美。

■**果實種子：**球形核果，長約2公分，熟果為土褐色，內含約1公分黑褐色球型種子1枚。

■**撿拾地點：**台北市北投中和路、中南部果園、花東高屏農村行道樹、水果店販售。

■**撿拾月份：**
1 2 3 4 5 6 **7 8** 9 10 11 12

■**栽種期間：**夏、秋二季。

↓7～8月果熟，外皮粗糙，著生枝結實纍纍。

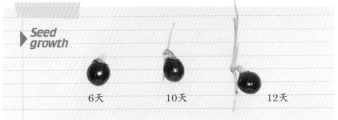

▶ *Seed growth*

6天　　　10天　　　12天

↑ 褐色芽點即為胚根（根）、胚軸（莖）、胚芽（葉）生長點。

栽種難度：

栽種要訣：龍眼芽點朝上種植，目的是求長勢快與整齊，一旦發現芽點發黑發霉應立即扔棄。植株幼時為陰性，成株則需充足日照。種子新鮮即播，不耐儲藏。

栽 種 步 驟

1 清洗乾淨果肉，泡水約7日，每天換乾淨的水直至種殼開裂。

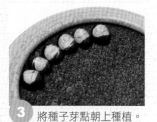

2 培養土置入盆器約8分滿。

3 將種子芽點朝上種植。

4 由外而內緊密排列種子。

5 用麥飯石等碎石覆蓋種子。每天或隔天噴水1次。

6 大約第10天，細莖一一冒出。

7 大約18天，可見到莖芽漸長，淺紅色葉片探出。

8 1個半月，葉片由淺紅轉紅褐色。

9 2個半月，饒富變化的葉色令人讚歎！植株耐陰性極佳，長大後適宜光源充足處。

28 肯氏蒲桃	29 酪梨	30 蘭嶼肉桂	31 水黃皮
32 蓮霧	33 福木	34 海檬果	35 石栗
36 台灣赤楠	37 欖仁樹	38 繖楊	49 毛柿

40
大葉山欖

FALL
秋蒔

肯氏蒲桃

葡萄、美酒、夜光杯

■科名：桃金孃科
■學名：*Syzygium cumini* (L.) Skeels
■英文名：Jambolan
■別名：菫寶蓮、海南蒲桃、烏木。
■原產地：印度、斯里蘭卡、爪哇、馬來西亞半島及澳洲。

↑ 葉對生，厚革質，長橢圓形或闊倒卵形，葉面綠、葉背淺綠，長約6～15公分。

↑ 花期晚春至夏末。花瓣白色，複聚繖花序腋生，有香味，花似蓮霧、芭樂。

→ 常綠大喬木，枝平展。成株高度約10～15公尺，果熟時滿地都是「紫蒲桃」。

植物解說 肯氏蒲桃在樹上成串的果實，無論外貌、色澤、香氣、口感都挺像小葡萄，其實兩者並無親戚關係，漢朝時將葡萄寫作蒲桃，想來在植物命名上，為兩者做過比對。

肯氏蒲桃耐旱、耐濕、抗強風、耐陰性佳、栽種容易，成樹枝葉茂密可以遮陽，很適合綠化觀賞用。果實可作誘鳥用，也可食用及入藥；樹幹木質細緻，可供家具及建材用，常見於各地道路、校園、公園、庭園等，為優良的行道樹與庭園樹種。

有些社區困擾肯氏蒲桃漿果帶來的汙染，不妨換個角度重新認識它，一起動手製作佳餚、美酒以及手作布染，反而能凝聚社區向心力喔！

栽種筆記

午後撿拾種子，林間傳來喜鵲呱呱的鳴叫聲，各種不知名飛鳥在枝椏間穿梭飛行，大快朵頤樹上的熟果，掉落一地紫紅色的果實。鳥兒們吃飽了，也讓我們不虛此行大豐收。

每回試種不同的種子，內心真是既期待又怕受傷害，這回可真是大驚喜，發芽率高、長勢佳、不需要刻意移植，真的是超好種。

種子森林就像是大自然的縮影，總是能悅人眼目，而且讓栽植者很有成就感。對我而言，種子只要發芽率高，連小孩都能夠輕易上手，就是很優的種子盆栽，喜歡嗎？種一盆讓人大大讚賞的肯氏蒲桃吧！

↓果熟時由紅色轉為暗紫紅色，可蒐集紫紅色落果種植。果肉厚而多汁略酸澀。

↑ 肯氏蒲桃成熟果實，有葡萄的色澤與香氣。

■**果實種子**：長橢圓形漿果，長1～2公分，果熟由紅轉紫紅，內含淺綠色種子1粒。
■**撿拾地點**：台北市華山社區、士林雙溪公園、台中市都會公園、高雄市勞工公園、各地公園、校園、行道樹。
■**撿拾月份**：
1 2 3 4 5 6 7 **8 9 10 11** 12
■**栽種期間**：秋季。

▶ *Seed growth*

| 3天 | 5天 | 7天 | 9天 | 10天 |

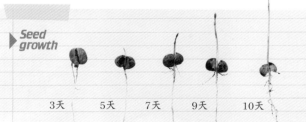

↑果實種子縱切面，多胚體1粒種子可分裂成好幾株個體。

栽種難度：

栽種要訣：種子泡水開裂處朝上種植，盆栽置於室內較不明亮處易徒長，可欣賞紅色莖的美感。為即播型種子，新鮮熟果約2週內即可播種。

栽 種 步 驟

1 剝除果肉洗淨，或果實放入細網袋搓揉，再泡水沖洗並篩選。

2 種子泡水9天，每天換水，種子會逐一分裂，宜立即種植。培養土置入盆器約8分滿。

3 種子芽點為較不平整凹面，芽點朝下種植。

4 肯氏蒲桃種子雖不小，但幼苗莖葉較細，可緊密排列。

5 在種子上覆蓋麥飯石等碎石。每天或隔天噴水1次保持濕潤。

6 根系發達，生長快速，約2週後即可見嫩紅色的莖與新葉開展，需增加澆水。

7 大約4週葉片由淺綠轉深綠，一粒種子會生長1至5枝高低不等錯落的莖，頗有多層次美感。

8 盆栽耐陰性佳，日照足可避免莖徒長，紅色莖漸轉綠至木質化，過密集較細小的苗會枯萎，頗富種子森林的美感！

酪梨
窮人的牛奶

■ 科名：樟樹科
■ 學名：Persen americana Mill.
■ 英文名：Avocado
■ 別名：牛油果、油梨、鱷梨、幸福果。
■ 原產地：南美洲北部、中美洲、墨西哥。

植物解說 酪梨因果肉像乳酪，外形像西洋梨，在台灣稱之為酪梨。原產地中美洲的原住民已食用數千年之久，台灣於1918年由美國加州種苗公司引進試種，推廣成果不佳；1954年嘉義農試所再度引進12種品種試種，如今已是家喻戶曉的水果，產地主要集中於嘉南地區。

果實採收期依品種而異，早熟6～8月、中熟8～10月、晚熟10～2月，果熟後可在樹上掛藏1個月以上，依市場供需調節採收期。採收後大約1週，綠果會漸轉黑褐色，綠果不宜低溫冷藏。酪梨含11種以上維生素、優質植物性脂肪，被視之為營養價值甚高的水果，有「窮人的牛奶」之美譽。

↑ 葉互生、革質，叢生於小枝先端。

↑ 花期依品種而異，早開花12～3月，晚開花則3～4月。花小，不明顯，兩性花，每朵花會開放2次，蜜蜂是酪梨授粉主要媒介。

→ 常綠喬木，樹高可達20公尺，枝條脆弱，淺根系，易被強風吹折。

↑ 左為熟果，右未熟果，果實採收後約1週變黑。

栽種筆記 通常我是以果實、葉形、樹型，來辨識行道樹，如果不太有機會經常接觸，辨識就較為吃力，雖然吃過酪梨，但對於酪梨的花、果、葉及樹的生態，都很陌生，因此先種盆栽再反向辨識，是個不錯的方法。

油亮鮮綠色的生果漂亮但未成熟，黑綠色的熟果可吃可種，喝上一杯濃稠的酪梨牛奶，飽足感十足。運氣好的話種子已生根發芽，不用等待太久，即可見到開裂的種子探出莖葉。酪梨果實種子大，葉片也大，抽空得閒，到老社區附近繞繞，來一趟尋寶之旅，時間點對，還能看到結實纍纍的果實。

■ **果實種子：** 梨形或卵形核果，徑長約8～15公分，果重約600公克，果皮光亮，熟果由綠色轉黑色，內含約徑長4～8公分褐色種子1枚。
■ **撿拾地點：** 水果攤、超市有售。
■ **撿拾月份：**
1 2 3 4 5 6 7 8 9 10 11 12
■ **栽種期間：** 春、秋二季。

↓4月初剛結果實，10月可採收。

↑ 種子碩大，在果實中央。果熟時脂質果肉具纖維。

Seed growth

2週　　4週　　6週

↑ 種子外包覆一層褐色薄膜。

栽種難度：

> 栽種要訣：勿將綠色的酪梨放冰箱，黑色變軟的熟果，取出種子立即播種，否則發芽率漸失。種子可密封於夾鍊袋內，置冰箱短期低溫儲藏。

栽種步驟

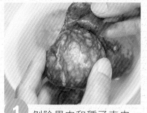

1 剝除果肉和種子表皮，清洗乾淨。

2 大約浸泡1週，將較寬的底部即根芽處朝下種植。

3 以麥飯石或其他碎石、彩石皆可，水耕方式種植。

4 麥飯石舖約9分滿。

5 每天或隔天噴水1次，使種子保持充分濕潤即可。

6 大約4週，開裂的種子準備探出莖葉。

7 大約第7週，葉片由褐色新生葉片開展。

8 大約第8週，第2枝莖葉也探高。

9 6個月完成品，種子盆栽可適應室內光線，土耕、水耕皆宜。

蘭嶼肉桂

肉桂飄香

■科名：樟科
■學名：*Cinnamomoum osmophloeum* Kanehira
■英文名：Cinnamomum kotoense
■別名：蘭嶼樟、紅頭嶼肉桂、大葉肉桂、台灣肉桂、平安樹。
■原產地：台灣蘭嶼。

↑ 葉三出脈，互生或近似對生，卵狀長橢圓形或卵狀披針形，革質，濃綠油亮。3～4月萌新葉呈鮮紅色。

↑ 花期南部2～3月，北部4～6月。聚繖花序，花小，白色。

→ 常綠小喬木，樹高可達6公尺，樹皮平滑富粘質，有濃烈肉桂香味。

植物解說 蘭嶼肉桂是台灣特有種植物，喜溫暖高溫、全日照半日照生長環境，原生地在蘭嶼，為嚴重瀕臨絕種的植物，台灣本島已廣泛栽培為園藝植栽。

肉桂葉片主要特徵有3條明顯的主脈，葉片厚革質，不易凋萎，蘭嶼肉桂是樟屬植物中葉片較大型的種類，外觀與土肉桂、胡氏肉桂、錫蘭肉桂、陰香等相似，陰香極似土肉桂，因市價比土肉桂少約1／10，多用於行道樹大量植栽。

蘭嶼肉桂雖不及土肉桂含有高質量的肉桂醛可供提煉，由於種子盆栽發芽率高，可適應室內光源明亮環境，不失為另類的保育途徑。

肉桂種類繁多且不易辨識，曾經路經一排行道樹，見到三出葉脈及樹型似土肉桂，期待開花結果，後來細查才了解是進口品種陰香。

種了幾年的蘭嶼肉桂分送給大姊夫，因疏於照料萎凋枯死，樹皮經陽光曝曬，竟然滿室生香，識貨的鄰居也要了肉桂小苗回去種，但願分享植栽與經驗，能夠促進和睦情誼，更顯明造物主的美好特質。

許多朋友喜歡香草植物，室內沒有全日照條件真的很難栽培，種子盆栽雖然有難度，從種子一手栽培到開花結果，草本要2～3年，木本要7年以上，獲益比付出得多，值得體驗。

↓ 果期南部5～7月，北部7～9月果實成熟，果實成熟，可蒐集落果種植。

- 果實種子：核果橢圓形，長約1公分，果熟呈紫黑色，內含長約0.8公分深褐色種子1枚。
- 撿拾地點：新北市八里觀海大道；台中的松鶴、谷關、佳保台、高雄的扇平。
- 撿拾月份：

南部
1 2 3 4 5 **6 7** 8 9 10 11 12

北部
1 2 3 4 5 6 7 **8 9** 10 11 12

- 栽種期間：春、秋二季。

↑ 核果常具部份宿存花被片，熟果由綠轉紫黑色。

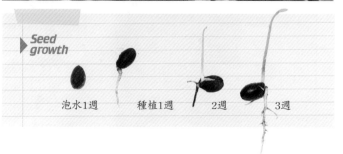

Seed growth

泡水1週　種植1週　2週　3週

↑ 種子縱切面，綠色外層為果實，種子富脂質。

│ 種子盆栽：隨手撿、輕鬆種

栽種難度：

栽種要訣：新鮮種子常溫存放發芽率漸失宜即播，剝除果肉的種子經低溫濕藏層積2個月，播種約10日即見陸續發芽，種子可低溫乾藏約1年。

栽種步驟

1 每天換乾淨的水泡種子，1週後種子尖端芽點朝下種植。

2 培養土置入盆器約8分滿，種子排列整齊，略有間隙。

3 在種子上覆蓋麥飯石或碎石、彩石。

4 每天或隔天噴水1次，使種子保持充分濕潤。

5 種植大約3週後，可見到細嫩的莖漸長。

6 大約4週後，新葉開展。

7 5週，三出葉脈明顯。

8 採光宜充足，1年後可帶土移植至大盆欣賞。

水黃皮

心心相映

■科名：豆科／蝶形花科
■學名：*Pongamia pinnata*
■英文名：Pongame Oiltree
■別名：水流豆、九重吹、
　臭腥仔、掛錢樹。
■原產地：台灣、恆春、蘭
　嶼、華南、印度、馬來西
　亞、琉球、澳洲等。

↑ 奇數羽狀複葉，闊卵形，
互生，全緣有柄，革質葉面
平亮。

↑ 春、秋季開花，淺紫色蝶
形腋生總狀花序，賞花期大
約2週左右。

→ 半落葉中喬木，樹冠傘
形，成株樹高約2～3層樓
高，約2公尺高度可見開花
結果。

植物解說 水黃皮成熟後掉落的木質莢果，可藉由水流傳播，別名「水流豆」；枝條強韌，可作為海岸防風樹種，又名「九重吹」；葉子搓揉有異味，別稱「臭腥仔」；扁平莢果掛於枝葉間，恰似一串串的清代銅幣，所以又名「掛錢樹」。

原產成株樹高可達10多公尺，樹幹質地緻密，農業時期將其製成各種農具，葉可作綠肥、牛羊飼料，小朋友將種莢果當成玩具小船。全株以根與種子較具毒性，切忌誤食。根系紮實，水土保持力佳，耐旱、抗風、抗空氣污染，是普遍的行道樹及防風樹種。因應未來石化能源短缺，已加入生質柴油的計劃生力軍之一。

栽種筆記 海漂植物的種子幾乎都有木質種莢做保護層，種子乘著專屬的搖籃小船漂洋過海，一旦有機會靠岸接觸沙土，就盡其所能落地生根，開拓嶄新的旅程，顯見造物主設計的用心與美意。

刀狀莢果辨識度高，栽種很easy幾無難度，即使水耕也很nice，幼苗的心型葉片相當討喜，每當看到一葉葉嫩綠油亮的心形葉，由小心心逐漸長成大心心，猶如回應我們一切的用心都是值得的。

↓刀狀莢果像放大的毛豆，果熟由綠轉為木褐色。

↑果實成熟，可蒐集飽滿的深綠色或黃褐色木質莢果種植。

- ■果實種子：黃褐色木質莢果，扁平刀狀，成熟後不開裂，內含種子1～2粒。
- ■撿拾地點：台北淡水河兩岸、台中市都會公園及文化中心、高雄市公園路、各地公園、行道樹。
- ■撿拾月份：
  1 2 3 4 5 6 7 8 9 **10** 11 **12**
- ■栽種期間：春、秋二季。

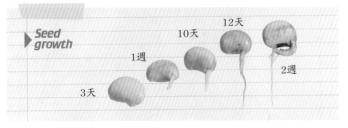

Seed growth

3天　1週　10天　12天　2週

↑剝開水黃皮果莢，成熟的種子外形似蠶豆，有毒切勿食用。

栽種難度：

栽種要訣：剪木質莢果取種子時要小心，催芽的過程會有異味。種子耐乾藏，陰放種子較冷藏種子發芽成活率高。

栽種步驟

1 剝除莢果，洗淨種子並泡水，每天換水大約1週後可種植。

2 培養土置入盆器約8分滿，將種子芽點朝下種植。

3 覆蓋麥飯石或其他碎石、彩石，可遮光、加壓同時兼具美觀。

4 每天或隔天噴水1次，使種子保持充分濕潤。

5 大約3週後，可見到莖葉從種子間探出，種子由黃轉綠囉！

6 第4週，小小的心形新葉即將開展。

7 大約第6週，心型葉片一層層開展，由淺綠漸轉深綠。

8 第8週，吾家有女初長成，完成囉！土耕、水耕皆宜。

147

蓮霧

芙華羅莎　綺羅香

■科名：桃金孃科
■學名：*Syzygium samarangense Merr.et Perry*
■英文名：Wax Apple
■別名：爪哇蒲桃、大蒲桃、洋蒲桃、金山蒲桃、璉霧。
■原產地：馬來半島、爪哇。

↑ 單葉對生，厚紙質，長約12～25公分，先端具短突尖，下表皮具腺點。

↑ 中南部開花3～4月，北部5月，花兩性，腋生，淡黃白色。龍眼蜜季節過後，接著是採蓮霧蜜的季節。

→ 常綠喬木，樹高可達10公尺。花蕾到果熟期約需2～3個月，果熟期可見掉落一地的果實，蟲鳥喜吃食。

植物解說　蓮霧屬熱帶性果樹，在馬來西亞、印尼、菲律賓、爪哇島普遍種植，300年前由荷蘭人引進台灣，初期僅零星栽培，原生果熟期在夏季，正逢颱風季節，1981年後經由產期調節技術，台灣南部初春即果熟，皮薄、多汁、爽脆口感，大眾接受度高，1987年種植面積與產銷量擴增，也由次要果樹提升為經濟果樹。

改良的品種以果色區別，深紅色「黑珍珠」廣受消費者喜愛，青綠色「廿世紀」具清香、甜味最高，還有林邊「芙華羅莎」、枋寮「綺羅香」、佳冬「透紅佳人」等，挑選蓮霧有口訣「黑透紅、肚臍開、皮幼幼、粒頭飽」。

栽種筆記 台灣農改發達，水果愈種愈大也甜美，種子卻愈生愈少，為了種蓮霧盆栽，努力在水果攤挑選圓鼓鼓形狀的蓮霧，努力地吃，好不容易才蒐集夠種一小盆的種子，得來不易的感受，反而更加懷念原生植物，那來自上帝恩賜取之不盡的種子。

桃金孃科的蓮霧，發芽率高，長勢快，即使只蒐集少許幾粒種子，也別放棄種植的美好機會，因為種子數量少，看著蓮霧長得高低錯落，還是挺欣慰的。

蓮霧幼苗期耐陰性佳，陽光直射容易產生焦褐色葉燒病，土耕種植在室內光線不明亮處，生長良好，適合種子盆栽初學者。

↓ 產期調節後，南部果期12～3月，北部5～7月。甜美的熟果，吸引各種蟲鳥吃食，真是上帝的恩賜。

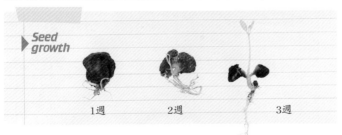

Seed growth

| 1週 | 2週 | 3週 |

■ **果實種子**：倒圓錐形漿果，橫長約5～8公分，果熟淡紅，內含約1公分不規則褐色種子0～3枚。

■ **撿拾地點**：南部果園、各地公園、行道樹、水果店販售。

■ **撿拾月份**：

1 2 3 4 5 6 7 8 9 10 11 12

■ **栽種期間**：春、夏、秋三季。

↑ 蓮霧果實切面。果實內含海綿組織，種子質輕。

↑ 不規則的種子，粒粒都是珍寶。

栽種難度：

栽種要訣：挑選圓型果實較有種子，氣候溫暖穩定時種植，長勢佳且快。桃金孃科多為種子乾燥活力漸失，新鮮種植發芽率高。

栽種步驟

1 種子泡水浸潤約1週，每天更換乾淨的水以利催芽。

2 種子粗糙面為芽點，朝下種植。

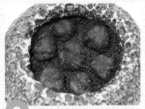

3 較大粒種子長勢快，居中排列，種子些許間隔即可。

4 在種子上覆蓋麥飯石或其他碎石、彩石。

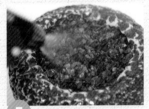

5 每天或隔天噴水1次，使種子保持充分濕潤即可。

6 大約種植3週後，可見到開裂的種子，莖芽陸續長出。

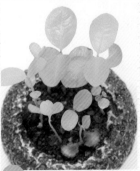

7 約5週後新葉開展，葉片由淺綠漸轉深綠。耐陰性佳，可適應室內光線。

8 6週後，第2層葉片更明顯豐富。

福木

福氣臨門

■科名：藤黃科
■學名：*Garcinia subelliptica*
■英文名：Common Garcinia
■別名：菲島福木、福樹、金錢樹。
■原產地：台灣的恆春、蘭嶼及綠島、琉球、菲律賓、印度、錫蘭等。

↑ 單葉十字對生，新生葉呈淺咖啡色，辨識度高。

↑ 花期3～5月，雌雄異株，雄花黃白色，雌花淺綠色，單花叢生在枝幹。

→ 長綠小喬木，終年青綠，樹冠集中呈圓錐形，成株高度約5～10公尺。

植物解說 原生的福木適合高溫、日照充足的環境，因為樹形不高大，分枝離地面極近，加上抗旱、抗風、耐鹽的特性，為優良防風樹種，福木為常綠喬木不易落葉，樹型整齊美觀挺立不需修枝剪葉，很適合時有颱風過境的台灣，由於易於維護，行道樹、公園、校園等地很容易找到它的蹤影，已為普遍栽植的樹種。

木質堅硬緊密可做建材，樹脂可做黃色染料。葉面濃綠富光澤，橢圓型厚革質葉，約10多公分長。春天至初秋開花，雌雄異株，單花叢生在枝幹，夏季黃褐色果實成熟時氣味似榴槤濃郁，有「瓦斯彈」的俗稱。

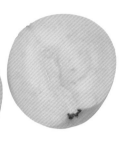

↑ 福木果實縱切面。

 替植物命名的確是門學問，福木顧名思義，無論在實用價值或者植物型態方面，都符合人們對「福氣」的期待吧！

我個人對於圓形的植物情有獨鍾，福木厚實橢圓的葉片，總是令我愛不釋手，惟果實散發出的特殊氣味，恐怕不是人人能夠接受的，還好取種子與處理過程並不困難，種植也很容易上手。對於不喜歡土耕，自認為是「植物殺手」的朋友，可選用麥飯石、魔晶土等方式水耕。只要記得不要讓根部缺水，也能維持1～3年以上。此外，種子盆栽生長緩慢的特色，很適合忙碌的都會人學習慢活態度。

■ 果實種子：球形漿果，直徑約5公分，果熟外皮由金黃色轉為褐色。內含長約2公分1～4粒種子。
■ 撿拾地點：台北市建國南路、台中市五權南路、高雄市河西路、全台各地公園、校園、行道樹。
■ 撿拾月份：
1 2 3 4 5 6 7 8 9 10 11 12
■ 栽種期間：春、秋二季。

↓ 待金黃色熟果轉褐色時，可蒐集落果取子種植。果實常有蟲蠅吃食，果熟軟化易取種子。

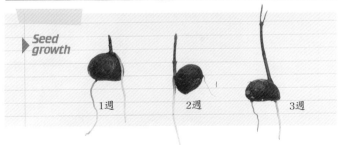

Seed growth

1週　　　2週　　　3週

↑ 種子約栗子大小。

↑ 種子粗糙不平滑面即為芽點。

栽種難度：

栽種要訣： 成熟新鮮的福木種子發芽率頗高，夏、冬二季種植發芽率低。種子不耐乾燥，可用濕水苔存放陰涼處，或置冰箱濕藏可存放約半年。

栽種步驟

1 剝除果皮並洗乾淨。種子泡水約2週，每天換水催芽，淘汰軟爛種子。

2 培養土置入盆器約8分滿，將種子芽點朝下種植。

3 覆蓋麥飯石或其他碎石、彩石可遮光、加壓，亦可露出部分種子欣賞。

4 每天或隔天噴水1次，使種子保持濕潤，但勿積水，以免發霉長蟲。

5 長速緩慢，大約16週後莖葉漸長，需增澆水量。

6 大約17週後，紅色的葉片開展漸漸轉綠。

7 大約第5個月，葉片由磚紅轉深綠，第2層磚紅色新生葉片伸展，富層次感。

8 盆栽耐陰、耐濕性極佳，土耕、水耕皆宜。可適應室內微光，3年不換盆仍生長良好。

海檬果

四海為家

■科名：夾竹桃科

■學名：*Cerbera manghas Linn.*

■英文名：Common Cerberus Tree

■別名：海芒果、黃金茄、牛心茄、猴歡喜、山檨仔、海檨仔。

■原產地：台灣、中國廣東、印度群島至熱帶太平洋區域。

↑ 單葉互生，叢生枝端，倒披針形或倒卵形，長10～25 公分，革質表面有光澤。

↑ 花期春～秋季，聚繖花序頂生，花白色有香氣。

→ 常綠小喬木，成株高度約10公尺，全株具有毒白色乳汁。

植物解說 海檬果分布於海岸地區，由於葉形與果實都像芒果，因此得名。果實未成熟時像土芒果，成熟時像愛文芒果，但切記不可食用，因全株含有毒性，尤以果實、種子毒性最強，如果誤食，嚴重的話甚至會致命。

抗海風、耐鹽、生命力強韌，適宜種植為海岸防風林樹種，樹形優美亦有栽植為景觀樹，枝條下方有明顯葉痕，是海漂植物的共同特質，果實質輕，果皮內含有豐富的纖維質，可以保護種子漂流的同時不被海水浸潤。

台灣分布於北部、東部、恆春半島與蘭嶼等海岸，各地庭園普遍栽植，木質輕軟，可製作成箱櫃、木屐及小型器具。

栽種筆記 　自小被提醒要對有毒植物敬而遠之，事實上只要了解毒性來源部位，避免碰觸及誤食，有毒植物也可以成為美麗的種子盆栽。夾竹桃科的海檬果同樣為有毒植物，處理這類植物的種子，要格外小心，也可藉此機會教育孩子，碰觸玩耍種子後一定要洗手。

海檬果與許多海漂傳播的種子植物，都有發芽較慢的特質，只要生長條件不適宜，寧可躲在種殼內，光是看外觀，很難辨別是否是活的種子，尤其北部入秋才果熟，必須跨冬至翌春才能見到發芽，與種子一同經歷漫長的等待，不經意中耐性也慢慢培養茁壯。

↓果實成熟後，可蒐集紅褐色落果種植。

Seed growth

8週　10週　12週

■ **果實種子**：卵形核果，長約5～9公分，果熟由綠轉暗紅色；內含4～8公分褐色種子1枚。

■ **撿拾地點**：新北市十三行博物館、白沙灣風景區、台中都會公園、高雄市同盟路、各地公園、濱海公路。

■ **撿拾月份**：

南部

1 2 3 4 5 6 7 **8 9 10 11 12**

北部

1 2 3 4 5 6 7 8 **9 10 11 12**

■ **栽種期間**：春、秋二季。

↑ 紅色熟果種植發芽率高。果實內的種子有一條縱向深凹溝。

↑ 內種皮富含纖維質，利於海漂。

栽種難度：

栽種要訣：海漂種子特性發芽慢，早熟的種子，不需過冬至翌春，可提前發芽。雖然種子可低溫冷藏一段時間，建議以新鮮種子種植。

 栽 種 步 驟

1 剝除果實表皮，清洗乾淨。種子泡水浸潤，每天更換乾淨的水以利催芽。

2 大約浸泡2～3週，將圓弧種子胚根朝下種植。

3 尖端胚芽朝上，培養土置入盆器約8分滿。

4 覆蓋麥飯石等碎石，每天或隔天噴水1次。

5 大約種植8週後，可見到種子的根芽漸長。

6 大約10週後，莖葉開展。

7 大約第12週，葉片由淺綠慢慢轉至深綠。

8 種子盆栽土耕、水耕皆宜，徒長可適度修剪，重新發莖葉。

石栗

晶亮黑寶石

■科名：大戟科
■學名：*Aleurites moluccana* Willd.
■英文名：Indian Walnut
■別名：燭果樹、油桃、海胡桃、黑桐油、蠋栗。
■原產地：馬來西亞、玻裏尼西亞、麻六甲、菲律賓群島。

植物解說 1903年石栗由越南引進台灣植栽，生長迅速，樹幹挺直，樹冠寬廣濃密，有良好遮蔭效果，耐旱不耐寒，抗風力弱，枝條易折損，但萌芽力強，可適應市區環境，多栽植作為行道樹及庭園綠化觀賞。

種子像小石頭也像貝殼化石，種仁含油量達65～70％，榨取的油質可供製作油漆、肥皂、燈油、蠟燭，以及木材防腐等工業用途，還可用作生質燃料。種子不能生食，印尼人將處理過的種子拿來煮咖哩食用，木材淡紅褐色，具有光澤，可用作箱板及火柴桿，另種子、葉、根等都具有不同的藥用效果。

↑ 葉單生，互生，具長葉柄，卵狀三角形或卵狀長橢圓形，紙質或厚紙質，不分裂或3～5裂。

↑ 花期4～6月。頂生圓錐花序，花多白色，同一花序可見雄花及雌花，花萼鐘形。

→ 常綠大喬木，樹高可達20多公尺，小枝、新葉、花序密生星狀毛茸。

石栗種子無論外觀、質感、硬度、重量,實在像
極石頭,猜想這樣的偽裝是為了避免被吃掉,但
厲害的松鼠依然能囓咬吃到種仁,據說味道像花生。
某年大約10月,在高雄市的橋頭糖廠遊樂區初次見到石栗,
後來在台北雙溪公園附近再次相遇,硬梆梆的種子,沒經催芽
也沒破殼。使用自然播種法,大約半年毫無動靜,春天一來,
一個一個冒出彎曲的綠色幼莖,發芽率相當高。
種子發芽膨脹,根芽破殼而出,探高的子葉將種殼撐開一分為
二,種殼依然硬實,種子內在的奧秘實在令人讚嘆。

↑ 種殼極堅硬,不易切割,
種子發芽即平整開裂似蚌
殼,開裂的種殼仍堅硬如
石。

↓ 果期7〜11月,果實表面被毛茸,成熟落果黑褐色,可輕易剝除果皮
取出種子。

■ 果實種子:圓型蒴果,
果長約5公分,果熟呈褐
色,內含長約3公分米灰
褐色種子1〜2枚。
■ 撿拾地點:台北市雙溪公
園、大湖公園、台中市東
光路、高雄市勞工公園、
各地公園、行道樹。
■ 撿拾月份:
1 2 3 4 5 6 7 8 **9** **10** **11** 12
■ 栽種期間:春、秋二季。

Seed growth

4週

5週

6週

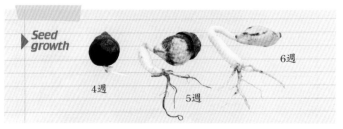

↑ 種子凹凸紋理似小石頭,
經拋光處理,晶亮如寶石,
黑底帶銀灰紋理,有「黑墨
子」之稱。

栽種步驟

1 洗淨種子，泡水浸潤，每天更換乾淨的水約2週。

2 挑選適當的深盆器種植，培養土置入盆器約8分滿。

3 種子突起的尖端朝上，芽點朝下種植。

4 種子上覆蓋麥飯石或碎石、彩石。

5 每天或隔天噴水1次，使種子保持充分濕潤即可。

6 大約8週後，種子發芽，有的子葉已撐破種殼。

7 大約第10週，早發芽的已探出楓葉般的本葉。

8 3個半月成品，對稱本葉像張開雙手，適宜充足日照，土耕、水耕皆宜。

台灣赤楠

赤楠就是美

■科名：桃金孃科
■學名：*Syzygium formosanum*
■英文名：Taiwan Eugenia
■別名：赤楠、大號犁頭樹、台灣赤蘭、紅芽赤蘭。
■原產地：台灣。

↑ 新葉呈褐紅色，單葉，對生，革質或厚紙質，長橢圓形或倒卵形。

↑ 花期4～5月。圓錐狀聚繖花序，頂生，白色，花絲有毛。

→ 常綠喬木或灌木，細枝叢生平展，末稍呈四稜形。

植物解說 赤楠種類繁多，常見的有台灣赤楠、金門小葉赤楠、蘭嶼赤楠、大花赤楠、高士佛赤楠、疏脈赤楠等。看到植物名稱第一順位有台灣二字，即知為台灣特有種，就算不是瀕臨絕種或稀有植物，也倍感親切與珍貴。

台灣赤楠主要分布於全島中、低海拔闊葉林，喜溫暖高溫氣候，土壤選擇性不嚴苛，生長緩慢，耐蔭，耐修剪，成株不耐移植，春季一枝枝探出的紅色新葉，在萬綠叢中很有層次感，適合作為園景樹、綠籬。木材富韌性且耐腐，可供製作槌柄、鋤柄等器具與建築用材。

<table>
</table>

栽種筆記 有些成株完全不同的兩種植物，幼苗竟然如此相近，台灣赤楠和肯氏蒲桃即是一例，台灣赤楠無論莖、葉、花、果，都像是縮小版的肯氏蒲桃，如果不是種植時貼了標籤，幾回竟然錯將台灣赤楠當做肯氏蒲桃，畢竟都是桃金孃科赤楠屬，也算得上是親戚。

台灣赤楠幼苗和肯氏蒲桃一樣有著紅嫩嫩的細莖，搭配細小的葉片，挺有青春少女的氣息，欣賞種子盆栽多數是一片綠意盎然，偶爾看到不同的色彩，挺有新鮮感的，加上桃金孃科植物容易栽培成種子盆栽的特性，輕輕鬆鬆就可以種上一大盆，我還挺喜歡的。

↑聚合果頂生。

■ **果實種子**：漿果，歪球形，直徑約1公分，果熟由紅轉紫黑色。內含約0.8公分綠色種子1粒。
■ **撿拾地點**：台灣大學、台中市自然科博館、高雄大學、各地公園、校園、行道樹。
■ **撿拾月份**：
1 2 3 4 5 6 7 8 **9** **10** **11** **12**
■ **栽種期間**：春、秋二季。

↓9～10月果實成熟，可蒐集紫黑色落果種植。

↑漿果，歪球形，側邊一端有一圈突起像開口。

Seed growth

5週

6週

7週

↑ 果實內綠色部分即是種子。

栽種難度：

栽種要訣：種子發芽率高，春季種植為適期，排水、日照需良好，種子可低溫濕藏約半年。

栽 種 步 驟

1 剝除果實表皮，清洗乾淨。

2 種子大約浸泡1週，每天更換乾淨的水以利催芽。

3 培養土置入盆器約8分滿，將種子由外而內均勻種植。

4 種子排滿整個盆面。

5 在種子上覆蓋麥飯石，或其他碎石、彩石。

6 每天或隔天噴水1次，使種子保持充分濕潤。

7 大約第5週，嫩紅莖葉探高。

8 大約第7週，對稱新葉開展。

9 4個月的台灣赤楠種子盆栽成品。

欖仁樹

秋紅　葉落　好過冬

- ■科名：使君子科
- ■學名：Terminalia catappa Linn.
- ■英文名：Indian Almond
- ■別名：大葉欖仁、枇杷樹、雨傘樹、涼扇樹。
- ■原產地：台灣、海南島、日本、印度、馬來半島、太平洋群島。

↑ 葉倒卵形，互生，叢生枝頂，長約10～20多公分，秋季轉紅，冬季落葉。

↑ 花期5～7月。雌雄異花，穗狀花序，雄花長於頂端，雌花或兩性花長於下部，小花綠色或白色。

→ 落葉大喬木，高約10～20公尺以上。枝幹平展，側枝輪生，落葉後有明顯葉痕，傘形樹冠，老樹有明顯板根。

植物解說　欖仁樹因果實形狀似橄欖核而得名，據悉史前即漂洋過海，在台灣寶島以南落地生根，成為本土原生植物。早期排灣族用其木材建造房子，雅美族將板根製作船隻，也有人將欖仁落葉泡水喝顧肝。

欖仁樹喜生長於高溫濕潤、日照充足的環境，與許多海漂植物相同，生長快速，耐旱抗風耐鹽性強，加上四季富變化，全台各地廣泛栽植，可作為庭園樹、行道樹、防風林。

常有人乍聽其名，問與「懶人」有何關係？夏季枝繁葉茂，在彷彿大陽傘的大樹下遮蔭納涼，偷得浮生半日閒，可以稱得上是欖仁樹下有懶福吧！

栽種筆記 通常我們看樹的角度是抬頭仰望，尤其是都市人，很少有機會爬樹，近距離觀察樹的生態，如果搭乘台北捷運芝山路段或高雄捷運楠梓路段，從高處下望兩旁行道樹冠頂層，彷彿化身飛鳥，在林間飛翔，角度不同了，感受也不同。

大葉欖仁這類的海漂植物在人行道上如何傳播？站在捷運站外撿拾種子，熙來攘往的人潮，少有人好奇提問，從沒想過有一天，自己會成為植物的傳播者。

秋播春收，至於究竟有多少種子經得起嚴冬考驗，只有上帝能成就！我們只需種得開心而不是負擔就好，至少這些種子，曾經被期待，也曾經有生存的機會。

↑ 內果皮堅硬且質輕，能浮於水面。

■ **果實種子**：扁橢圓形核果，長約3～5公分，熟果由綠轉褐色，內含長約3～4公分褐色梭形種子1枚。

■ **撿拾地點**：台北市芝山捷運延線兩旁、新北市台2號三芝至金山路段、台中市中清路、高雄市文化中心省道兩旁、花蓮市府前路及各地公園、校園、行道樹。

■ **撿拾月份**：
1 2 3 4 5 6 7 8 9 **10 11 12**

■ **栽種期間**：春、秋二季。

↓ 果期7～12月，綠色為未熟果，可蒐集褐黑色熟果種植。

▶ *Seed growth*

4週　　8週　　9週

↑ 自然發芽的種仁，將富纖維的堅硬種殼撐開。

栽種難度：

栽種要訣：「等待」是海漂植物的特性，種子洗淨層積發芽較快、發芽率高，早熟果可提早發芽，種子可低溫冷藏。

栽 種 步 驟

1 將熟果剝除果肉，清洗乾淨。

2 種子泡水約1個月，每天換乾淨的水。

3 圓端胚根朝下種植。

4 種子緊密排列於培養土上，土耕較水耕發芽快。

5 種子上覆蓋麥飯石等彩石。

6 每天或隔天噴水1次，使種子充分濕潤。

7 秋播春收，大約8週後，子葉一一破殼而出。

8 大約10週後，子葉開展成綠蝴蝶狀。

9 本葉開展又是另一番風味。

繖楊

美麗似錦

■科名：錦葵科
■學名：*Thespesia populnea*
■英文名：Portia Tree
■別名：恆春黃槿、截萼黃槿、桐棉。
■原產地：台灣恆春半島、印度、琉球。

植物解說 繖楊僅產於恆春半島，常生長於珊瑚礁上，原生種在恆春已瀕臨絕種，花與葉都與黃槿十分相像，經常被誤認為黃槿，又稱為恆春黃槿。喜高溫多濕，耐旱、耐鹽、抗強風，耐寒性較差，是台灣海岸防風林優良樹種。植株可單植、列植、叢植，可作為行道樹與庭園美化，全株可藥用，果實能做染料、殺虫等。

在自然生態環境漸受破壞的當下，原生植物繖楊也亮起紅燈警訊，提醒大眾的正視。目前雖然已透過園藝普遍栽植，保育、復育的工作仍應加緊速度，而種植繖楊的種子盆栽，正可以當成育苗的學習功課。

↑ 葉互生，心形，長尾尖，薄革質，葉脈明顯。

↑ 南部3～4月、8～9月開花，花腋生，鐘型，花冠螺旋狀，花初呈鮮黃色，花謝前轉桃紅色，春季盛開。

→ 常綠小喬木，株高可達9公尺，花期可同時見到黃、紅二色花在葉腋間。

初遇滿樹黃花的繖楊，還以為是黃槿，細查果然同是錦葵科。原以為同一棵繖楊樹會開黃紅兩種花色，後來才知道，原來花開時如黃槿，萎凋花謝前才轉為紅色，好特別。繖楊屬子葉出土種子，對稱的雙子葉似欲振翅而飛的綠色蝴蝶，挺像咖啡子葉，待本葉探出差異立即顯現。

為了此次成書，家中果實、種子、盆栽植物數量暴增，形形色色的小蟲也隨之而來，簡直成了小叢林。繖楊種子發芽率不一致，汰換重新種植，被混入盆土一段時日，常常看到不同小苗探出的組合式盆栽，雖然不在預期之中，內心依然無比感動。

↓ 南部果期10～12月、3～4月。蒴果球形，不開裂。果實成熟，可蒐集落果種植。

■ **果實種子**：球形蒴果，徑約 2.5～3 公分，熟果黑褐色，內含約0.7公分深褐色水滴形種子約20枚。

■ **撿拾地點**：新北市淡水沙崙海水浴場、台中市都會公園、高雄市岡山工業區、墾丁南灣至鵝鑾鼻海岸。

■ **撿拾月份**：
1 2 3 **4** 5 6 7 8 9 **10** **11** **12**

■ **栽種期間**：春、秋二季。

↑ 果實扁球狀五邊形，種子布滿五邊隔間內。

↑ 種子呈三角水滴形，被褐色毛，有縱條紋。

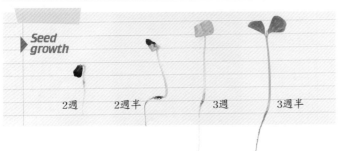

▶ *Seed growth*

2週   2週半   3週   3週半

栽種難度： 栽種要訣：種子發芽率不一，深埋發芽較慢，可置夾錬袋層積至發芽再種植，種子可乾燥儲藏。

栽種步驟

1 輕壓果實取出種子並洗淨，每天泡水、換水催芽約1週，種子會浮在水面。

2 將種子尖端芽點朝下種植。

3 培養土約8～9分滿，種子間隔宜寬。

4 在種子上覆蓋麥飯石或其他碎石、彩石皆可。

5 每天或隔天噴水1次，使種子保持充分濕潤。

6 大約2週後陸續發芽，種子被綠色嫩莖頂高。

7 大約2週半，莖成長的速度很快。

8 3週後，有些子葉已急著脫離種殼，張開的子葉像蝴蝶翅膀。

9 3個月，心形葉展開，1年後可見滿滿的心葉。

毛柿

事事如意

■科名：柿樹科
■學名：*Diospyros discolor Willd.*
■英文名：Taiwan Ebony
■別名：台灣黑檀、烏木、台灣柿、毛柿格。
■原產地：台灣的東南部森林、蘭嶼、綠島及龜山島、菲律賓、爪哇、泰國。

↑ 葉長橢圓狀披針形，長約15～30 公分，革質，葉緣常向後反捲，有絨毛。

↑ 花期4～6月。單生或腋生總狀花序，雌雄異株，淡黃色或黃白色小花。

→ 常綠大喬木，樹幹筆直，樹皮黑褐色，樹冠呈倒三角形。

植物解說　毛柿、烏心石、台灣櫸、黃連木、牛樟，為台灣新闊葉五木，即五大闊葉林原生樹種之一級木。毛柿的樹皮、心材皆為黑褐色，木材堅硬細緻沈重，有沈水烏美稱，是名貴的黑檀木之一，據說原生老齡毛柿，主幹粗壯可達120公分，高可達40公尺，相當罕見。

毛柿為陰性樹種，適宜生長於溫濕度高、半遮蔭環境，生長緩慢，樹形優美，枝葉濃密，全株被黃褐色細毛，果熟可食，果肉不多，清香，木料珍貴常製作成筷子、手杖、柺座、小型工藝品等。北部較少種植，東、南部行道樹可觀賞，成株移植成活率欠佳，不適用裸根造林。

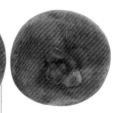

栽種筆記 7月炎炎夏日，為了種植毛柿專程到花蓮、高雄兩地蒐集，行道樹下隨處可撿拾熟果，紅通通毛茸茸的外表帶有淡淡的果香，童年的味道再度浮現。

我對毛柿的特別情感，是源於兒時記憶，每年暑假到花蓮外婆家，小朋友爬上結實纍纍的毛柿樹，採收硬實橘紅色的果實放入穀倉催熟軟化，吃完果實後堅硬的種子還能玩，充滿童趣。

我愛看毛柿黑色的莖將種子挺立的姿態，為了種一盆美美的小森林，時常需要移植美化。直根系的毛柿，斷根可增加側根，展現原始粗獷的生命力，適合愛捻花惹草的朋友。

↑ 果皮外密被細絨毛，果熟會脫落。

■ **果實種子**：扁球形漿果，徑長約 8公分，果熟轉為紅褐色；內含長約3～4公分褐色腎形種子2～8粒。。。

■ **撿拾地點**：台中港聯外道路、高雄市金福路、花蓮市美崙公園附近。

■ **撿拾月份**：
1 2 3 4 5 6 **7 8 9** 10 11 12

■ **栽種期間**：夏、秋二季。

↓ 果期7～9 月，果實成熟，可蒐集紅褐色落果，待熟軟取子種植。種子外覆薄薄淺褐色薄膜。

Seed growth

14天　　18天　　22天　　30天

↑ 果肉少，淡香，味甜。

種子盆栽：隨手撿、輕鬆種

栽種難度：

栽種要訣：可浸泡2日，置入夾鍊袋層積，大約1週後可見發芽，再行種植，耐陰性佳，幼苗適合室內栽培。種子不耐乾燥，可低溫濕藏約4～6個月。

栽種步驟

1 種子泡水浸潤1週，每天換水以利催芽。

2 選擇適當盆器，培養土置入盆器約8分滿。

3 種子尖端芽點朝下種植，間隔宜寬。

4 在種子上覆蓋麥飯石等碎石。

5 每天或隔天噴水1次，種子保持充分濕潤即可。

6 大約第3週，黑色莖將種子探高。

7 大約4週後，種子像音符，高低錯落明顯。

8 大約第6週，乳黃色子葉與綠色本葉一一開展。耐陰性極佳，可適應室內微弱光線。

大葉山欖

蘭嶼來的芒果

■科名：山欖科
■學名：*Palaquium formosanum* Hay.
■英文名：Formosan Nato Tree
■別名：台灣膠木、橄仔樹、驫古公樹。
■原產地：台灣、蘭嶼、菲律賓。

植物解說 大葉山欖為台灣原生樹種，抗旱、抗風、耐濕、耐鹽，栽種、移植容易，病蟲害少。老齡樹基部會生長板根，樹性相當強健，是海岸地區防風及淨化空氣品質的優良樹種，許多濱海工業區以及各地道路，皆普遍種植綠化。

樹皮可做染料，木材可供建築用，全株富含乳汁，可作為絕緣材料用膠，果實可食，蘭嶼的達悟族稱它為「剝皮才能吃的果實」，有「蘭嶼芒果」之稱。達悟族還運用它的木材作為拼板舟的原料。另外，據說有噶瑪蘭族的部落就有大葉山欖，它也是平埔族的族樹。在綠島則稱為「臭屁梭」，果實被製成冰品等可口食材。

↑ 葉互生，叢生於小枝先端，長橢圓形或長卵形，長10～15公分，厚革質。

↑ 花期12月～翌年1月。花單生或簇生於葉腋，鑷合狀排列，白色或淡黃色，有香味。

→ 常綠大喬木，高可達20公尺，主幹直，多分枝，富含乳汁，葉痕明顯。

<table>
栽種
筆記
</table>

撿拾地上的大葉山欖落果，經常可見被蟲鳥啃蝕的痕跡，帶回家處理，總會被一堆肥滋滋的小白蛆嚇得頭皮發麻。聽說大葉山欖果實很可口，怎麼也不敢輕易嚐試。有次掰開熟軟的綠色果肉，看清楚的確沒蟲，卸下心防輕咬一口，嗯，甜度高還不錯吃，天然的尚好，不用擔心農藥污染。

種子泡水催芽，芽點會凸出頂破種殼，看到芽點再種植較保險，大葉山欖與瓊崖海棠的種子都富含油脂，種仁受傷釋出乳白色固體脂質就難以順利發芽。橢圓形的葉形、果實、種子很大方討喜，水耕也可以生長得不錯。

■ **果實種子**：橢圓形醬果，長約5公分，果熟綠褐色，內含3～4公分深褐色種子1～4枚。
■ **撿拾地點**：東北角風景區、台中港區、高雄西子灣、各地公園、校園、行道樹。
■ **撿拾月份**：
1 2 3 4 5 **6 7 8 9** 10 11 12
■ **栽種期間**：夏、秋二季。

↓ 果期6～8月，蟲鳥喜吃食。

Seed growth

10天　　2週　　3週　　4週

↑ 果實像橄欖，可蒐集落果種植。

↑ 紡錘型種子外殼光滑，一面呈梭形淺褐色。

栽種難度：

栽種要訣：北部因氣候等條件，種子發芽率與整齊度比南部低。種子新鮮即播發芽率高，種子不耐乾燥，低溫濕藏1個月左右發芽。

栽種步驟

1 剝除果肉洗乾淨，種子泡水約1週並每天換水，即見種殼一一開裂。

2 培養土置入盆器約8分滿。

3 種子開裂尖端芽點朝下種植，間隔宜寬，子葉好開展。

4 露出部分種子，覆蓋麥飯石或其他碎石、彩石皆可。

5 每天或隔天噴水1次，使種子保持濕度。

6 大約3週後，種子對半開裂為子葉，5週本葉舒展。

7 大約第6週，本葉愈來愈寬大了。

8 半年完成品。日照需充足，土耕、水耕皆宜。

41

竹柏

42

蘭嶼羅漢松

43

柚子

44

台灣欒樹

45

蒲葵

WINTER

冬植

竹柏

竹報平安

■科名：羅漢松科
■學名：*Nageia nagi*
(Thunb.)O.Ktze.
■英文名：Nagi podocarp
■別名：山杉、百日青、日本艾草。
■原產地：台灣的北部和南部中低海拔地區、中國大陸、日本、琉球。

↑ 葉序單葉對生，縱平行脈，無主脈，厚革質葉面油亮青綠。圓葉竹柏、斑葉竹柏等變異種較稀有。

→ 竹柏為長綠中喬木終年青綠，樹型呈尖錐形，此百年老樹高達10多公尺。

↓ 花期在春天，雌雄異株，雄花序呈圓柱形，雌花序呈球型，花小而不明顯。

植物解說 竹柏是相當古老的裸子植物，據說大約在1億5千5百萬年前的白堊紀就已存在，可以說是植物界的「活化石」。竹柏為中國的原生樹種，葉茂濃密，終年蒼綠，樹型優美，是中國庭園的重要景觀植栽之一。竹柏耐陰性佳，抗病蟲害，抗空氣污染，木材富彈性可做為工藝器具與建材，至今被視為珍貴的樹種。

樹幹筆直墨黑色很容易辨識，平形葉脈細長似竹葉因此得名，搓揉葉片有類似番石榴的清新氣味。春天開花，黃綠色的花隱隱約約在葉柄與枝葉間不甚明顯，核果狀球型果實表面被白粉是其特色。

栽種筆記 竹柏種子盆栽是目前市面上常見的基本入門款，也是我最愛的植栽之一，在蒐集種子的過程，有時還需和樹的主人搏感情。上百年的竹柏老樹，聊不完的今昔情感，處理著粒粒飽滿的種子時，除了謝謝樹的主人熱心給予，同時多了份對老樹與造物主的感激，播種時的心情不禁倍覺溫暖。但願老樹的子子孫孫，也能遍滿山野、代代相傳。

竹柏生長緩慢可以培養耐心，在等待成為小森林的過程，每一個階段都能細細品味，從狀似彎腰頂著小帽，到長出四片對稱本葉，一盆美美的竹柏小森林就此展開。

↓竹柏為不形成毬果的裸子植物，種皮外裹了層白粉易於辨識。

↑入秋10月左右果實成熟，可蒐集飽滿的深綠色與紫褐色落果種植。

■**果實種子**：球形核果被白粉，直徑1～1.5公分，內含直徑約1公分褐色種子1顆。
■**撿拾地點**：北海岸石門竹柏山莊、台中市都會公園、高雄都會公園、各地公園、校園、行道樹。
■**撿拾月份**：
1 2 3 4 5 6 7 **8** **9** **10** **11** 12
■**栽種期間**：全年，春秋二季最佳。

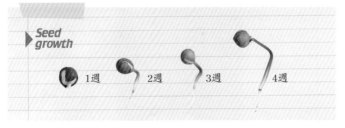

Seed growth

1週　2週　3週　4週

↑果實縱切面。肉質假種皮包裹著種子，中心點乳黃色的胚軸明顯易見。

栽種難度：

栽種要訣：成熟新鮮的竹柏種子發芽率頗高，初學者很容易上手。泡水未開裂的種子，可輕敲裂種殼再種植，種子可低溫冷藏1年。

栽種步驟

1 剝除果皮，清洗乾淨。種子泡水，每天換水以利催芽。

2 大約2～3天，有些種子會由尖端開裂，宜即時種植。

3 培養土置入盆器約8分滿，將開裂的種子尖端芽點朝下種植。

4 種子由外而內排列整齊。

5 種子上覆蓋麥飯石或其他碎石、彩石，可遮光、加壓兼具美觀。

6 2天噴水1次，使種子保持充分濕潤即可。

7 大約4週後，深綠色的莖部逐漸向上延伸。

8 大約6週後，竹柏對生葉片一一從種子探出。

9 竹柏小森林長成，土耕可觀賞2年不換盆。水耕可支撐1年左右即需移植土耕。

蘭嶼羅漢松

松柏長青

- ■科名：羅漢松科
- ■學名：*Podocarpus costalis Presl*
- ■英文名：Buddhist pine
- ■別名：無。
- ■原產地：台灣蘭嶼、菲律賓北部。

植物解說　台灣原生種的蘭嶼羅漢松，原生地於蘭嶼海岸珊瑚礁一帶，因受人為的挖掘破壞，已是嚴重瀕臨絕種的植物，台灣本島雖已大量栽培，仍需要更長遠的時日才能復育彌補。羅漢松自成一科，羅漢松科為古老的裸子植物，依化石記載可追溯至三疊紀，主要分布於熱帶、亞熱帶和南半球的溫帶地區，羅漢松科家族約有200多種。

據傳羅漢松的果實像似羅漢披著紅色袈裟因此得名，加上終年常綠，少落葉，有「松柏長青」的美譽，原為常綠喬木。單植可以美化庭園、或盆栽觀賞，密集列植則成常綠圍籬。

↑ 葉互生，革質，線形或狹披針形，先端圓或鈍，邊緣略反捲，主脈明顯，螺旋狀排列，易於辨識。

↑ 花期3～4月。雌雄異株，雄毬花圓柱形單生無柄，雌毬花單生腋出，黃綠色毬花不醒目。

→ 常綠小喬木或灌木，終年青綠，株高約5公尺內，可塑性強，適合修剪成珍貴盆景、園藝造景及保持植株矮化，被視為高貴樹種。

栽種筆記　欣賞結實纍纍蘭嶼羅漢松大品盆栽，葉型細密、枝幹雅致，在在散發著山水畫的古樸寫意，宛如時光倒流，置身枯藤老樹昏鴉、小橋流水人家的意境時空。蒐集滿滿一地的種子，趕緊回去種上一盆，盼呀、望呀，1週、2週、1個月、2個月，總算盼到那特有的螺旋葉片，左看、右瞧，單看小小的幼苗，實在難以與蒼勁的古樹聯想在一起，什麼時候才能看到小樹苗長成大樹？大自然受造物主巧妙安排，我們是大自然的一份子，出一份心力，先來「育種」將來的蘭嶼羅漢松林木，有朝一日，說不定種子小森林還能提供作為復育用。

↑核果基部有1粒肉質種托，成熟種托深紫色，可食用。1個種托1粒種子，偶有1個種托2粒種子的雙胞胎。

↓羅漢松科的種子基部有一大種托於辨識，蘭嶼羅漢松種托果熟呈深紫色，可蒐集落果種植。

■**果實種子**：綠色橢圓形核果，被白粉，綠色核果即種子，長約0.5～0.8公分。
■**撿拾地點**：北海岸石門至金山路段、台中市都會公園、高雄都會公園、各地公園、校園、行道樹。
■**撿拾月份**：
1 2 3 4 5 6 7 **8 9 10 11 12**
■**栽種期間**：全年，春、秋二季最佳。

Seed growth

5週　　6週　　7週　　8週

↑ 種子橫切面。綠色種皮內是黃綠色種子，中心點胚軸明顯。

| 種子盆栽：隨手撿、輕鬆種

栽種難度：

栽種要訣：新鮮種子易發芽可直接種，長本葉後移至全日照、半日照窗台邊，長勢較佳。種子可低溫乾藏，置冰箱可存放半年以上，至春季再播種。

栽種步驟

1 剝除深紫色種托，清洗乾淨，綠色部分才是種子。

2 種子最好泡水1～3天，每天換水，有開裂的種子應即種植。

3 培養土置入盆器約8分滿。開裂處尖端為芽點，朝下種植。

4 排列整齊緊密，間隔至多1粒種子，預留根與葉的生長空間。

5 種子上覆蓋麥飯石，或其他碎石、彩石，可遮光、加壓。

6 2天噴水1次，使種子保持充分濕潤，但切勿積水，否則易發霉長蟲。

7 大約第5週，蘭嶼羅漢松根莖漸長，種子被頂出麥飯石外，種皮已呈乾褐色。

8 約第6週，彎曲的莖逐一挺立，夾在子葉間的本葉開始伸展，可小心摘除子葉，和受感染或生長不佳的小苗。

9 約8週淺綠轉深綠，長本葉後需增澆水量，日照充足長勢較佳，1年後可疏苗移株使植株強健。

柚子

雲夢之柚

■科名：芸香科
■學名：*Citrus grandis* (Linn.) Osbeck
■英文名：Shaddocks, Pummelo
■別名：文旦、白柚、香欒、朱欒。
■原產地：印度、中南半島

↑ 葉面濃綠有光澤，較其他柑橘類大而厚，長卵形，邊緣有鈍鋸齒，近葉柄有小翼葉，「單生複葉」是其特徵。

↑ 花期3～4月，聚繖花序，花白色具香氣，時見招蜂引蝶。

→ 常綠中喬木，樹冠圓頂形，枝條粗大，帶刺，生性強健，成株高度約7～8公尺。

植物解說 常有人說柚子圓、文旦尖，事實上文旦柚、麻豆文旦、白柚、葡萄柚、西施柚都是柚子的品種。台灣引進栽培至今約300年，全台各地，尤其中南部栽培較多。《呂氏春秋》記載：「果之美者……江浦（江蘇省中部）之橘；雲夢（湖北省東南部）之柚。」柚子至今仍被視為美味的水果，果熟期在中秋前後，加上黃綠色的果實大而圓，讓人聯想到皎潔月光，成為中秋應景水果。

柚子屬陽性植物，性喜陽光充足、溫暖的低海拔地區，葉子和果實比一般柑桔類大，是鳳蝶類幼蟲最愛，農家常於白露前後10天採收熟果，存放1週才食用。

栽種
筆記 居家附近有一片柚園，每逢春季，路經柚園聞到飄來陣陣花香，總是不禁駐足多吸幾口芬芳。還記得童年時將柚子皮戴在頭頂玩耍，大人要小孩吃柚子殺肚子裡的蟲蟲，中秋佳節全家分食柚子，月圓人團圓，點點滴滴的回憶，拉近了與大自然的距離，加深了家人的凝聚情感。

種子易於取得，仍需耐心處理，經過一個月細心栽植，滿滿一盆柚子小森林，看來心曠神怡，輕輕一撥葉片，撲鼻而來油腺點釋放的柚香，猶如置身於芬多精森林浴，深吸口氣，滿足了都市人渴望返璞歸真的美夢。

■果實種子：黃綠色球形柑果，長約10～30公分，原生種內含長約1公分種子百粒之多。
■撿拾地點：各地柚子園、水果攤購買。
■撿拾月份：
1 2 3 4 5 6 7 8 9 10 11 12
■栽種期間：春、秋、冬三季。

↓果實大，淡黃色或黃綠色，果皮具油脂，果形有球形、洋梨形、扁球形等，耐貯藏，採收後數個月仍可食用。

↑柚子果實縱切面。果皮厚富油質。

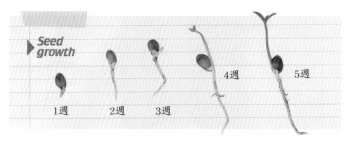

▶ *Seed growth*

1週　　2週　　3週　　4週　　5週

↑柚子種子，圖右為剝除種皮後的樣子。

栽種要訣：老欉及改良品種的種子較少，可選白柚、西施柚等種子多的品種。剝除種皮後種植，發芽率較高，長勢快約1～2週。種子可置夾鍊袋乾藏。

栽種步驟

1 種子泡水約1週，種子會釋放抑制生長的膠質，須每天搓洗換水。

2 或剝除種皮泡水1日，尖端芽點明顯易見，小心勿傷到芽點。

3 挑選適當盆器，培養土置入盆器約8分滿。

4 種子芽點朝下種植，約1粒種子的間距排列整齊。

5 在種子上覆蓋麥飯石或其他碎石、彩石。

6 2天噴水1次，使種子保持濕潤，切勿積水。

7 大約第3週後，嫩綠油亮的對稱莖葉一一探出開展，長莖葉後需增加澆水量。

8 6週完成，充足光源佳。須留意鳳蝶媽媽光顧，毛毛蟲將綠葉啃乾淨剩下一枝枝「旗桿」。

台灣欒樹

四色樹　金雨落

■科名：無患子科
■學名：*Koelreuteria henryi* Dummer
■英文名：Taiwan Golden-rain Tree
■別名：台灣金雨樹、台灣欒華、苦楝公、苦苓舅、拔仔雞油、四色樹。
■原產地：台灣特有原生種。

↑ 花期9～11月。頂生圓錐花序，花小多數，黃色，雌雄同株或雜性花多數。

↑ 二回羽狀複葉，小葉10～13枚，對生或近似對生，紙質，邊緣有淺鋸齒。

→ 落葉中喬木，樹高可達15公尺，小枝幹密布皮孔，老樹皮呈黑褐色，秋天花果同生甚美，有「四色樹」之稱。

植物解說　台灣欒樹為台灣原生特有種闊葉樹，名列世界十大名木之一，未開花時與苦楝外形相似，有「苦楝舅」之稱。黃花盛開眺望像似金雨沾樹梢，英文名為「台灣金雨樹」，早開花落結果期轉為粉桃紅色，不久蒴果乾枯再轉為褐色，同時間可觀賞到綠、黃、紅、褐，又稱為「四色樹」。結果期，紅姬緣椿象爬滿枝頭覓食，成群燕子盤旋捕食椿象。入冬，為抵抗嚴寒抖落一切，剩下光禿禿的殘幹，等待翌春再萌發嫩紅新葉。

台灣欒樹性喜陽光充足環境，生長快速，樹姿優美，被廣泛植栽為園景樹、行道樹；根部可藥用，木材可製作板材。

秋冬，留意行道樹掛滿黃花與紅蒴果，那就是
台灣欒樹，秋末冬初，蒐集一袋乾蒴果，甩
動拍打袋子，種子隨即抖落在袋底，種子取得很容
易，保存也容易，若不急著播種，可將種子置冰箱冷藏至初
春，親子同樂大手小手一起動手種，發芽快、生長也快，滿滿
一盆小綠意，大人小孩成就感滿溢。
採果觀看椿象躲在蒴果內吃食種子，黃昏時分，燕群出動捕食
椿象、往返回巢餵哺張著大口啾啾鳴叫的雛燕。帶著正值好發
問年紀的小兒，觀察上演的食物鏈，學習一堂大自然裡的生物
課程，不需花費而且記憶深刻。

↑ 氣囊狀蒴果，膨大形似氣
球，內含種子是紅姬緣椿象
的最愛。

↓ 果期10～3月，秋高氣爽，晚開黃花與早熟紅果同掛樹梢頂端，果熟
如氣球的蒴果乘風飄落，不少種子已被椿象吃食。

■ 果實種子：燈籠狀蒴果，
　長約2.5公分，熟果由粉
　紅轉為褐色；內含長約
　0.5公分球形黑褐色種子
　共6枚。
■ 撿拾地點：台北市忠誠
　路、新北市八里左岸、台
　中市精誠路、高雄市民生
　路；全台各地公園、校
　園、行道樹。
■ 撿拾月份：
　1 **2** **3** 4 5 6 7 8 9 10 **11** **12**
■ 栽種期間：春、冬二季。

▶ **Seed growth**

1週　　　10天　　　3週

↑ 蒴果成熟由粉紅轉為褐
色，果瓣中肋裂開由三瓣片
合成，每瓣有2枚種子，易
脫落。

栽種難度：

栽種要訣：冬季種植至翌春發芽，盆栽需充足日照，冬季綠葉落盡應減少澆水量。種子耐乾藏，可低溫乾藏至春播。

栽 種 步 驟

1 洗淨種子，淘汰浮在水面的種子，泡水浸潤約1週。

2 培養土置入盆器約9分滿，將種子平鋪在盆土上。

3 種子上覆蓋薄薄一層彩石，遮光、加壓兼具美觀。

4 2天噴水1次，種子保持充分濕潤即可。

5 春天生長快速，大約1週即可見到黃色子葉探出。

6 大約10天，新葉開展。

7 大約第3週，鋸齒狀淺綠色羽狀複葉，茂盛如蔭。

8 入冬即見綠葉黃化，摘除枯葉、疏苗，等待翌春再萌新葉。

9 1年生種子盆栽富層次美，葉色多變。

蒲葵

葵扇搖曳　暑氣消

■科名：棕櫚科
■學名：*Livistona Chinensis*
■英文名：Fan Palm
■別名：扇葉蒲葵、散葉蒲葵、木葵。
■原產地：台灣的龜山島、華南、日本及琉球等。

↑ 單葉頂端叢生，葉大呈掌狀深裂，葉柄具刺，總長1～2公尺。

↑ 晚春初夏開花，雌雄同株，肉穗花序，花軸長，乳黃色小花密生。

→ 常綠喬木，樹幹筆直不分枝，成株高度約10～15公尺。

植物解說　早期農業社會，蒲葵與農村生活密不可分，葉可編製蒲扇、笠帽、葺屋；葉腋基部纖維可製作簑衣、掃把、棕刷、繩索；中葉脈可做成牙籤、掃帚；樹幹可利用於傘柄、拐杖、屋柱；嫩芽可食用，葉、根、種子皆有不同藥用療效。

棕櫚科植物最具有南洋風情，炎炎夏日，迎風飄逸的蒲葵大扇葉可用來遮陰納涼，當蒲葵的老葉脫落時，葉柄仍會相連在莖幹上一段時間，直至老葉掉落，莖幹上留下一圈圈的葉痕，這是大葉植物的特徵。由於台灣環境氣候適宜，已成為常見的庭園樹與行道樹。

栽種
筆記　初種蒲葵種子盆栽，看那從種子芽點探出彎彎
曲曲白色的根，很容易讓人聯想到「臍帶」，
臍帶的另一頭，正待成長的幼苗將如何破土而出呢？種
子既提供養分給嗷嗷待哺的幼苗直到功成身退，同時它也
是幼苗的前身，雖然無法完全猜想造物主的一切用意，每當
看到饒富變化的種子，以及那不可預測的發芽與栽種過程，總
是增添許多興味。

催芽種子的心情就像是在「孵蛋」，看到搶先發芽的種子，急
著探出枝葉，明明知道並非每一粒種子，都能夠有百分百的發
芽率，還是滿懷著希望與期待。

↓果實成熟為黑褐色，可蒐集落果種植。

↑ 蒲葵黑褐色的橢圓形核
果，果實內含種子1粒。

■果實種子：橢圓形核果，
　果熟由淺黃轉黑褐色，直
　徑長約1.5公分，內含1粒
　褐色種子。
■撿拾地點：台北市仁愛
　路、中央北路、新北市八
　里左岸、台中公園、高雄
　市民權路、各地公園、校
　園、行道樹。
■撿拾月份：
　1 **2** **3** 4 5 6 7 8 9 10 **11** **12**
■栽種期間：春、冬二季。

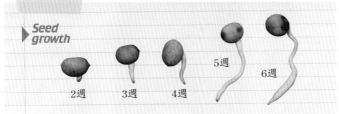

▶ *Seed growth*

2週　　3週　　4週　　5週　　6週

↑ 蒲葵果實縱切面、橫切
面，胚軸明顯。

　種子盆栽：隨手撿、輕鬆種

栽種難度：

> **栽種要訣：**種子可泡水後置夾鍊袋層積，發芽成功率高。土耕發芽生長快，無孔盆器以及保持高濕度較易栽種。種子可置網袋陰乾存放約半年。

栽 種 步 驟

1 剝除果皮，清洗乾淨。種子泡水浸潤，每天換水。

2 大約浸泡1至2週即可。

3 種子置夾鍊袋悶出根芽。

4 水耕可用麥飯石或彩石、魔晶土，置入盆器約8分滿，種子芽點朝下平放。

5 注滿水，隔天給水1次，保持充分濕潤，挺像在「孵蛋」吧！

6 大約6週後，可見到根芽漸長。挑選合適種子移植，垂掛盆緣可增添趣味。

7 大約8週後，一株株尖挺細長的青綠幼苗，從膨大的根部向上探出。

8 大約第10週，摺扇狀葉片一一伸展。

9 蒲葵為陽性植物，適合日照與水分充足的環境。種子盆栽土耕、水耕皆宜。

國家圖書館出版品預行編目資料

種子盆栽：隨手撿、輕鬆種 / 綠摩豆、黃照陽著.
-- 初版. -- 臺中市：晨星，2012.03　面；　公
分. -- （自然生活家；3）
ISBN 978-986-177-551-7(平裝)

1. 盆栽 2. 園藝學

435.11　　　　　　　　　　　100023197

 自然生活家03

種子盆栽：隨手撿、輕鬆種

作者	綠摩豆、黃照陽
主編	徐惠雅
編輯	張雅倫
美術設計	夏果設計 *nana
種子盆栽諮詢	豆豆森林
植物生態諮詢	莊溪
環保盆器贊助	楓葛芮庭園傢飾有限公司
手拉坯盆器贊助	拉后

創辦人	陳銘民
發行所	晨星出版有限公司
	台中市 407 工業區 30 路 1 號
	TEL：04-23595820　FAX：04-23550581
	行政院新聞局局版台業字第 2500 號
法律顧問	陳思成律師
初版	西元 2012 年 3 月 6 日
	西元 2021 年 2 月 28 日（五刷）

總經銷	知己圖書股份有限公司
	台北市 106 辛亥路一段 30 號 9 樓
	TEL：(02) 23672044 ／ 23672047　FAX：(02) 23635741
	台中市 407 工業 30 路 1 號 1 樓
	TEL：(04) 23595819 FAX：(04) 23595493
	E-mail：service@morningstar.com.tw
	網路書店 http://www.morningstar.com.tw

郵政劃撥	15060393（知己圖書股份有限公司）
讀者服務	(02) 23672044
印刷	上好印刷股份有限公司

定價　450 元　　　特價　350 元
ISBN　978-986-177-551-7
Published by Morning Star Publishing Inc.
Printed in Taiwan

晨星出版有限公司　收

地址：407 台中市工業區 30 路 1 號
贈書洽詢專線：04-23595820*112　傳真：04-23550581

晨星回函有禮，
加碼送好書！

回函加附 **50** 元回郵（工本費），即贈送
《驚奇之心：瑞秋卡森的自然體驗》乙本！
原價：**180** 元

f　晨星自然　🔍

天文、動物、植物、登山、園藝、生態攝影、自
然風 DIY⋯⋯各種最新最夯的自然大小事，盡在
「晨星自然」臉書，快來加入吧！

晨星出版
Morning Star